単一電子トンネリング概論
― 量子力学とナノテクノロジー ―

博士(工学) 春山 純志 著

コロナ社

まえがき

　1990年代の半導体産業を中心とした微細加工技術の進歩はめざましいものがあった。例えば，電子ビームを用いた微細リソグラフィー技術は数十nmの空間分解能で素子作製を可能にし，走査型プローブ顕微鏡は原子数個の観察・操作を可能にしている。また，結晶材料の観点からは，数百μmもの平均自由行程を持つ結晶がIII-V族化合物半導体の二次元電子ガス層を用いることで実現されている。このような技術を用いて，従来，量子力学の理論のみで予言されてきたいわゆる量子効果を実験的に詳しく検証したり，特徴長に応じて量子効果の出現範囲よりさらに大きいサイズ領域で興味深い現象を調査する"量子・メゾスコピック系"の物性研究が盛んに行われてきた。

　その結果例えば，電子1個ずつを人間が操作して動作させる単一電子素子や，ディスク状の微小空間に電子を1個ずつ出し入れして量子化準位に並べる人工原子，超伝導材料で作った微小領域に単一クーパー対を出し入れしてマクロなスケールの量子振動を出現させる量子コンピュータの基本ビットなどが実現され，大きな話題をよんでいる。これらは，人類が自ら原子・分子に相当するミクロな物質を作り出しそれらを操作する，あるいはそこに存在する量子・メゾスコピック効果を操る，というエキサイティングな時代の入り口に現在われわれがいるということを教えてくれる。また，これらの成果を挙げているのが主として日本のいわゆる電気メーカの研究所であるという点は，逆にこの研究分野がいかに微細加工技術の進歩に依存するかを示す一つの興味深い証拠であるかもしれない。

　さて，このような研究は学術的観点からは量子・メゾスコピック系の物理に豊かな知見をもたらすし，同時に工学的観点から次世代新機能素子の実現を期待させる。これら両方の観点から注目をあびてきたのが"単一電子トンネリン

グ"という現象である。単一電子トンネリングとは一言でいえば，"微小トンネル接合を1個の電子がトンネリングすることにより発生する接合の帯電エネルギー $E_c = e^2/2C$（e は電子の素電荷，C は接合容量）が，電子のトンネリングを1個ずつ離散したものに律則する"という現象である。トンネリングという電子の波動性に強く依存した現象でありながら，同時にトンネル接合の帯電エネルギーという形で電子の素電荷 e という粒子性が重要な役割を果たし，いわゆる粒子と波動の二重性がマクロな測定に直接顔を出すきわめて量子力学的な現象例として非常に興味深いものである。また素子応用としては，単に究極の微小素子というだけでなく，従来の論理素子と異なった新機能素子（例えばニューラルネットワークなど）を実現する可能性をも秘めている。前述した，超伝導体で形成したトンネル接合でのマクロな量子コヒーレンスも，実は単一電子（クーパー対）トンネリングによる帯電効果を利用したものである。

単一電子トンネリングそのものは，微小粒子の帯電エネルギーがもたらす効果として，古くからすでに久保亮五により理論的に予言されていたし，実験的にも Zeller らにより報告されていた。にもかかわらず，1980 年代終わりから急速に研究活動が高まったおもな理由は，室温でこの現象の観察を可能にする程度の微小面積を持つトンネル接合が微細加工技術の進歩により作製可能になり，素子応用への期待が高まったこと，また同時に微細加工技術は低温においてもその物性をさらに詳しく研究するに十分な構造の作製を可能にしたことにある。これらにより単一電子トンネリングに関する研究は一気に加速された。また理論のうえでは当時モスクワ州立大（現ニューヨーク州立大）に在籍した Dmitri Averin, K. K. Likaharev らにより提唱されたいわゆるオーソドックス理論が大きな役割を果たした。

このような状況が10年近く続いたいま，単一電子トンネリングそのものの研究は理論，実験とも一段落した感がある。むしろ物性の観点からはこの効果と他のメゾスコピック現象の相関，またはこれをプローブとした他の物性現象の調査研究が盛んであるし，素子応用の観点からはシミュレーションによりさまざまな回路が提案される一方，産業レベルでの回路実動作に向けて山積する

難問を一歩一歩地道にクリアしていく段階にある．しかし現段階においても，メゾスコピック物理のなかで単一電子トンネリングが重要な位置を占めることは間違いないし，もちろん難問が解決され，量産レベルでの回路動作が実現すれば，近い将来われわれの社会にもきわめて大きいインパクトを与える可能性も十分にある．

　しかしながら，残念なことにこれを学ぼうとした場合，巻末に記載したように洋書としては素晴らしい本がいくつかあるが，どうも単一電子トンネリングに焦点を絞った和書は少ないように思える．そこで蛮勇を奮って本書を執筆する決心をした．元来このような本は理論家の先生方が執筆されるものときめこんでおり，実験家である私にはとうてい書けないはず？という疑念にかられる一方で，理論の観点からは幼稚であっても実験家独自の観点からの本もあっていいのではないか，という悪魔の囁きに負けて執筆を引き受けてしまったしだいである．かくいう私自身この分野に足を踏み入れたのは 1995 年にトロント大学に移籍してからなので，それ以前に NEC において研究した化合物半導体の二次元電子ガスなどに関する基礎物性の知識もなんとか役に立てないかと思いつつ執筆に挑戦した．そういった意味で，私自身の不勉強や解釈の誤りから誤った記述が多々あることは覚悟のうえであるので，理論家の先生方，読者の方々にその点を鋭く御指摘・御議論いただければたいへんありがたい．

　また，単一電子トンネリングを初め，量子・メゾスコピック系の現象の面白さを理解するうえで量子力学の面白さに気づくことは不可欠である．量子力学の教科書自体は山のように出ているが，その基礎的な部分をメゾスコピック現象の本にコンパクトに含んだ和書もあまりなかったように思う．その意味で本書は他書とかなり異なった特殊な趣を持っている．つまり，本書では単一電子トンネリングの解説に入る前の 1 章で，非常に駆け足ではあるが歴史的アプローチから量子力学を説明することを試みた．そこで少しでも量子力学の面白さを感じてもらったのち，単一電子トンネリングの理解に進んでもらえればその不思議さをより感じてもらえると考えたからである．

　その意味からも，本書は基本的には学部 3・4 年生で，これから単一電子ト

ンネリングとそれに関連した研究分野を勉強しようとする学生への導入として，数式をできるだけ使わず，基礎から最新のトピックスまで広く浅くやさしく，ということを念頭に置いて執筆したつもりではある。この分野をこれから勉強しようとする学部学生，あるいはわかりやすい和書がないかと探している他分野の研究者の方々に本書が少しでもお役にたてればこの上ない喜びである。

なお，単一電子トンネリング，量子・メゾスコピック現象に関しての理解は Jimmy Xu 教授グループ，Dmitri Averin, K. K. Likharev, Xiaohui Wang, Marcus Buttiker, Yoseph Imry, Boris Altshuler, Jean-Pierre Leburton, Charles Marcus, Leo Kouwenhoven, Mildred and Gene Dresselhaus との議論に負うところが大きく，以上の各教授・博士に心より感謝します。また，鋭い御指摘・御教示をいただいた科学研究費補助金特定領域A "単電子デバイスとその高密度集積化"研究会をはじめとする各先生方に深謝致します。つねにあたたかい励ましをいただく大井喜久夫，堀越佳治の両先生，量子力学に対する深い憧憬を授けてくださった並木美喜雄先生に心より感謝します。また2章に述べるわれわれの研究結果はこの4年間に私の研究室に在籍した学生諸君の協力のもとに生み出されたものであり，その努力に敬意を表するとともに心より感謝します。またその研究は，科学研究費補助金特定領域A "単電子デバイスとその高密度集積化"，基盤研究B，および(財)材料科学技術振興財団の御支援のもとに行われたものです。本書の執筆にあたって，時間がうまくさけずに脱稿がかなり遅れてしまい多大なる御迷惑をおかけしたコロナ社の方々に謝罪します。

最後に，つねに私を物心両面で支えてくれる愛娘；若菜・莉花，妻；由紀に心から感謝を込めて本書を贈ります。

2001年11月

春山 純志

目　　次

1. 量子力学の基礎

1.1　はじめに……………………………………………………………………… *1*
1.2　発　　端……………………………………………………………………… *3*
　1.2.1　プランクの作用量子仮説………………………………………………… *3*
　1.2.2　光電効果：アインシュタインの光量子仮説…………………………… *6*
1.3　前期量子論…………………………………………………………………… *8*
　1.3.1　コンプトン散乱…………………………………………………………… *8*
　1.3.2　原子線スペクトルと正常ゼーマン効果………………………………… *9*
　1.3.3　原子模型とボーアの原子論……………………………………………… *10*
　1.3.4　物理量の量子化…………………………………………………………… *13*
　1.3.5　スピンの発見：異常ゼーマン効果とパウリの排他則………………… *14*
1.4　後期量子論…………………………………………………………………… *16*
　1.4.1　ド・ブロイ波とシュレディンガー波動方程式………………………… *16*
　1.4.2　ボルンの確率解釈：ボーアのコペンハーゲン解釈…………………… *18*
　1.4.3　ハイゼンベルクの不確定性原理………………………………………… *19*
　1.4.4　光子裁判…………………………………………………………………… *20*
　1.4.5　観測問題（波束の収縮）：EPR パラドックス，シュレディンガーの猫… *23*
1.5　量子力学……………………………………………………………………… *27*
　1.5.1　波動からのアプローチ…………………………………………………… *27*
　1.5.2　束縛問題…………………………………………………………………… *27*
　1.5.3　散乱問題…………………………………………………………………… *30*
　1.5.4　量子統計…………………………………………………………………… *34*

2. 単一電子トンネリングの基礎

2.1 はじめに：単一電子トンネリングとはなにか ……………………… 37
2.2 クーロンブロッケードの一般論 ……………………………………… 43
2.3 クーロンブロッケードの必要条件 …………………………………… 46
　2.3.1 熱エネルギーとクーロンブロッケード ……………………… 47
　2.3.2 トンネル抵抗とクーロンブロッケード ……………………… 49
2.4 接合の外部電磁場環境とクーロンブロッケード：単一接合系 …… 51
　2.4.1 位相相関理論の一般論 ………………………………………… 53
　2.4.2 具体的回路 ……………………………………………………… 65
　2.4.3 実験結果 ………………………………………………………… 73
2.5 帯電エネルギーへの有効寄生容量の寄与 …………………………… 101
2.6 SET 振動 ………………………………………………………………… 103
2.7 多重接合系 ……………………………………………………………… 105
　2.7.1 二重接合系 ……………………………………………………… 105
　2.7.2 接合アレー系 …………………………………………………… 113

3. 単一電子トンネリングの材料系

3.1 はじめに ………………………………………………………………… 129
3.2 金属微粒子系 …………………………………………………………… 130
3.3 半導体二次元電子ガス系 ……………………………………………… 140
3.4 有機・生体系：カーボンナノチューブ，DNA テンプレート細線 …… 146
　3.4.1 カーボンナノチューブの特異な物性 ………………………… 146
　3.4.2 単一電子トンネリング ………………………………………… 149
　3.4.3 単一電子スペクトロスコピー ………………………………… 152
　3.4.4 DNA テンプレート細線 ………………………………………… 154
3.5 走査型トンネル顕微鏡 ………………………………………………… 157

4. 単一電子トンネリングと他のメゾスコピック現象

4.1 はじめに ……………………………………………………… 160
4.2 電子波の位相コヒーレンスとクーロン振動 …………………… 162
4.3 スピンコヒーレンスとクーロン振動周期：
　　単一電子トンネリングスペクトロスコピー（人工原子） ……… 168
4.4 クーロン振動ピーク高さへのゆらぎの影響 …………………… 174
4.5 単一接合系での外部電子間相互作用，位相干渉とクーロンブロッケード
　　……………………………………………………………………… 180

5. 単一電子トンネリングを応用した回路素子

5.1 はじめに ……………………………………………………… 181
5.2 従来型論理回路への応用と問題点 …………………………… 183
5.3 新機能素子 …………………………………………………… 184
　　5.3.1 二分化決定素子 ………………………………………… 185
　　5.3.2 多数決回路 ……………………………………………… 188
　　5.3.3 量子セルオートマトンとニューラルネットワーク …… 190

参考文献 …………………………………………………………… 196
索　　引 …………………………………………………………… 202

1 量子力学の基礎

1.1 はじめに

　量子力学は相対性理論と並んで20世紀に人類が確立し得た最もアカデミックな学問体系である．同時に，これなくして固体のバンド理論，すなわち半導体物性の理論的理解がなかったという意味からは，まさに現在の情報化社会の基盤となった学問であるともいえる．本書の主題でもある単一電子トンネリングを含む量子・メゾスコピック物理は，この量子力学的現象を実験・理論両面からさらに広い物質サイズにわたって掘り下げていく分野でもある．したがって，量子力学への興味なくしてこの分野の面白さを感じることは困難である．その意味から本章でまず量子力学の入門的部分を簡単に解説する．

　さて，量子力学の勉強の仕方にはいくつかの方法がある．例えば，シュレディンガーの波動方程式から出発して物質を波動として認識したのち，粒子としての描像を確率解釈で理解する方法は最もわかりやすいかもしれないし，またハイゼンベルクの行列力学から入ることも数学的描像を好む人にはよい方法である．本書では，よく行われる手法の一つとして，さまざまな登場人物が多様な理論・実験を展開しながら量子力学が完成されていく，その歴史的経緯を追いながら量子力学を理解することを試みた．

　相対性理論が，ある意味ではアインシュタイン1人の手によって完成された理論であるのに対して，量子力学はさまざまな頭脳，個性を持った20世紀物理学の鉄人達が百花 繚 乱のアイデア・実験結果を発表・議論するなかで徐々

に形成されていった，まさに20世紀の人類の英知を集めて完成された学問である．これを歴史的に追いながら理解していくことは量子力学を身近なものに感じ，親しみながら理解していくうえでは非常に良い方法であろう．

歴史的には幼年期（1900-1912），量子論前期（1913-1922）・後期（1923-1930），量子力学完成期（1930-）という4段階に分けられる．19世紀末に，ニュートンの古典力学，マクスウェルの電磁気学により人類はすべての物理現象を記述・予言できる，物理学がなすべき仕事は終わった，と人々が考えていた一種の終末思想の中で，量子力学は産ぶ声をあげた．それは1900年のクリスマスに，ある1人のドイツ人，マックス・プランクが提案した作用量子仮説に端を発する．この幼年期にはプランク，アインシュタインらが初めてエネルギーの量子化（不連続性），粒子と波動の二重性などの概念を含む量子仮説を発表した．しかし，それらはあくまである特定の現象を説明・理解するための仮説にすぎず，学問として系統的に発表されたものではなかった．量子論前期になると，ボーアの原子模型などでエネルギーの不連続性は原子・分子のミクロな系での物理現象の理解に必要不可欠なものであるという認識が高まり，後期では粒子・波動の二重性に関して多くの実験結果が発表され，それに対する活発な議論が行われた．このようにして20世紀半ばに向けて量子力学と呼べる学問体系が確立し完成に向かっていったのである．

当初その場しのぎのように思えた作用量子仮説が，20世紀半ばにかけ黄金の学問体系に発展しようとは当時だれが予想できたであろうか？　粒子と波動の二重性，位置と運動量（エネルギーと時間）の不確定性原理，波動関数の確率解釈，観測問題（波束の収縮，多世界解釈）など，マクロな古典物理学ではイメージしにくい多くのコンセプトを含みながら，また，"God did not play a dice"（神はさいころを振り賜わじ），という確率解釈に対するアインシュタインの思考実験による攻撃を受けながら，いまなお量子力学の予言に反する実験結果は見つかっておらず，ミクロな現象をことごとく説明し続けている．

1.2 発　　　　端

1.2.1 プランクの作用量子仮説

　量子力学の発端を発見するためには，19世紀末のドイツの産業界にさかのぼらなければならない。当時，普仏戦争で巨額の賠償金とアルザス・ロレーヌという鉄の産地をせしめたドイツは，これらを利用して鉄鋼王国を作りあげようと計画した。さて鉄鋼の生産・加工においては，その高温をどのようにして測定するかが重大な問題となる。つまり，高温である鉄の温度をいちいち測定するのは面倒である。そのため人々は溶鉱炉の中で高温で溶解している鉄の色から，いかにしてその温度を知るかに着目した。固定温度下での発光の色はその光の成分のうち最大強度を持つ波長で決まる。例えば一般的には低温側では色は赤で，長波長が強度を支配するし，高温側にいくにつれ黄色，白となり，短波長が支配する。したがって，物質を熱したときに出る光の波長-強度特性の温度依存性を定式化することが必要であったわけである。定式化されれば，あとは発光スペクトルを測定するだけで鉄の温度を同定できる。当時ベルリンに開設されたドイツ国立物理工学研究所に在籍したウィーンは経験則から次式のような**ウィーンの変位則**を導いた。

$$\lambda_{\max} T = 2.94 \times 10^{-3} \tag{1.1}$$

　この式は，物質を熱したときにある温度で放出される最大強度の波長 $\lambda_{\max}$ は温度 T に反比例する，つまり高温に熱するほど放出される色は短波長側にずれ，赤から青に変わっていくことを意味する。これは定性的には観測事実に合う。しかし，この式は定量的に実験データを正確に説明するものではなかった。

　さて，では，この発光スペクトル観察のために，熱したときに最も正確に波長-強度特性を測定できる物質はなにであろうか？　物質はどんな温度でも固有の性質に起因した光を放つし，外部からの光の反射の影響もある。それらを最小に抑えることができるのは，光を放出せずかつ外部からの光もすべて吸収

する物質，すなわち黒い物体（黒体）である。したがって**黒体輻射**を測定すればよいが，純粋な黒体をつくることはそう簡単ではない。これに代わってウィーンが提案した実験的手段は，**図1.1**に示したような**空洞輻射**であった。

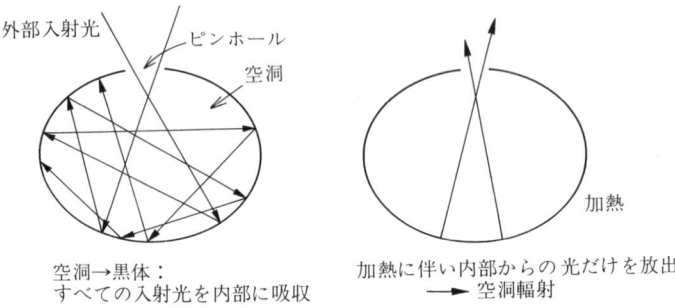

図1.1 空洞輻射：加熱された黒体からの発光

表面にピンホールほどの孔を持つ内側が空洞の物体を考えよう。外部からピンホールを通って入射した光がまたピンホールを通って外部に出てくる確率はきわめて低い。その意味でこの物体はすべての光を吸収する黒体に相当し得る。また内部で起きる反射の回数が多いので物体の形状の影響も小さい。一方，これを熱することにより内部から輻射される光はピンホールを通って外部に容易に脱出できる。したがって，この物体を熱しながら空洞輻射の光の波長を測定することで理想的な温度依存性が採取できるわけである。こうして得られる波長-強度特性の温度依存性の模式図を**図1.2**に示す。

このような実験結果を定式化するためにいくつかのモデルが登場した。代表的なモデルは**図1.3**と次式で示されたウィーンとレイリーによるものである。

$$u_T(\lambda) = \frac{1}{\lambda^5} e^{-C'/\lambda T} \quad \textbf{ウィーンの公式}（青の公式） \tag{1.2}$$

$$u_T(\lambda) = C_R \frac{T}{\lambda^4} \quad \textbf{レイリーの公式}（赤の公式） \tag{1.3}$$

熱すると発光が生じるのは，基本的には熱エネルギー kT が光のエネルギーに変換されるからであるが，その光を波と解釈するか，粒子と解釈するかで結果が大きく異なる。

1.2 発　　　端　　　5

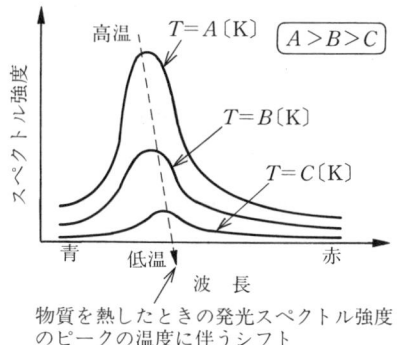
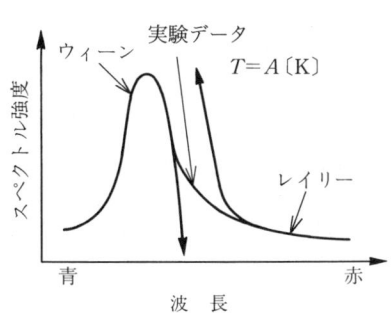

図1.2　加熱された物質からの発光スペクトル例

図1.3　ウィーンとレイリーの理論値の実験データとの比較

　まず，ウィーンはブラウン運動の場合のように光を空洞内で運動する粒子であると仮定することで式(1.2)を導いた．強度が最大になるのは，一次微分値が最大になる λ_{max} であることから，$-\lambda_{max} + C/T = 0$ が成り立ち，$\lambda_{max} \cdot T = C$ が求まる．これはほかならぬ式(1.1)のウィーンの変位則である．この公式は図1.3でわかるように，短波長側（青側）では実験データによく合うが長波長側では合わない．しかも当時は長らく行われたニュートンの粒子説とホイヘンスの波動説の議論にようやく終止符がうたれ，光は波であるという物理的概念が定着しつつあったときでもあるので，時代に逆行するようなこのウィーンの公式は当然ながら不評であった．

　これに対して，レイリーは，光の波動説そのままに，空洞内に存在し得る光の波数に比例したエネルギーを光は持つと仮定した．ある温度で空間内に定在波が存在するには，波は内部の壁で節を作らなければならないので，特定の波のみが存在を許される．その波数に比例したエネルギーを光は持つというわけである．図1.3からわかるように，この公式はウィーンの公式とは逆に長波長側（赤側）で実験データによく合うが，短波長側では合わない．それに，一つの波に与えられるエネルギーは等しいというエネルギー等分配則に基づいて，この仮定に従うと一つの光に対して波数は無限にとれるので，限定された空間内でありながら無限のエネルギーを持つ光が存在できることになり，明らかに

おかしい。どちらも一長一短でデータを説明するためになにかが欠けているのである。

この議論に結論を与えるべく登場したのが，当時ベルリン工科大学の教授であったマックス–プランクの**作用量子仮説**である。プランクは"光はその波の**周波数 ν に比例したエネルギー $h\nu$ を持ち得る粒子である**"と仮定して式(1.4)を導いた。h は**プランク定数**と呼ばれる 10^{-34} J·s のオーダの定数であり，量子力学のなかで最も重要な定数である。

$$u_T(\lambda) = \frac{8\pi hc}{\lambda^5} \frac{1}{e^{hc/\lambda k_B T} - 1} \tag{1.4}$$

この式はすべての波長領域で実験データとよく合う。この理由は以下のように理解できる。振動数が小さいとき（長波長側），光のエネルギー $h\nu$ は熱エネルギー kT に比べて小さい（$nh\nu \ll kT$）ので，十分多い数の光量子の励起ができ，発光は波動的に生じる。つまりこの場合はレイリーのモデルに類似している。このとき発生する最大の光量子数は $n = kT/h\nu$ で与えられる。これに対して，振動数が大きくなって $mh\nu \gg kT$ になると，熱エネルギーにより励起できる光量子数はきわめて小さくなる（短波長側）。このとき発光は粒子性を強く持つようになるので，ウィーンのモデルに近づく。つまり，プランクは作用量子仮説により，温度に応じて光の波動性と粒子性を巧みに使い分け，実験事実を説明することに成功したわけである。時は 1900 年 12 月 14 日，これが 20 世紀を迎える人類に贈られた最高のクリスマスプレゼントであったことに人々が気づくのは，さらに数十年を経過したあとであった。

1.2.2　光電効果：アインシュタインの光量子仮説

図 1.4（a）に示すように光を照射された金属に電流が流れる現象は**光電効果**として古くから実験で知られていた。古典物理学からの解釈にたつと，この現象は，電磁波の一種である光の持つエネルギーが金属中の電子に移行された結果，電子の運動エネルギーが増大すると理解される。ある時間，光エネルギーを照射されることで加速され，金属の持つ仕事関数以上のエネルギーを持った

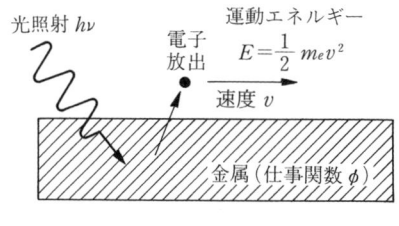 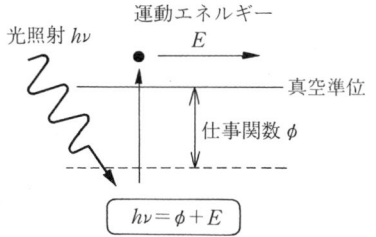

（a）光電効果　　　　　　　（b）アインシュタインの光量子仮説

図 1.4 光電効果とアインシュタインの光量子仮説：光は粒子？

とき，その電子は真空中に放出され，余剰の運動エネルギーで走行して電流を荷うであろう．しかし，詳細にこの現象を測定していくと，以下のような古典物理学では理解不可能な事実があることがわかった．

① ある振動数より低い振動数を持つ光を照射した場合，照射する光の強度をいくら増しても電流は流れない．

② 照射する光の振動数を高くすると，放出される電子のエネルギーが高くなる．

③ 光を照射した瞬間から電子が放出される瞬間までの間に，時間的な遅延がない．

これらは前述した古典物理学ではどうしても説明できない．ここでアインシュタインの**光量子仮説**が登場する．彼は，入射光の振動数 ν，放出された電子の運動エネルギー $E(=m_e v^2/2)$，金属の仕事関数 ϕ の間につぎのような関係を与えることで実験事実を見事に説明した．

$$h\nu = \phi + E \tag{1.5}$$

ここで h はプランク定数である．つまり入射光の持つエネルギーがその振動数に比例する $h\nu$ であり，そのエネルギーが ϕ と E に分配されるというものである．光は $h\nu$ のエネルギーを持った粒子，つまり光量子というわけである．確かにこのモデルは，①に対しては，$h\nu < \phi$ であれば $E < 0$ で電子は放出されない，②に対しては，$h\nu > \phi\nu$ のもとで ν を上げれば E は増大する，③に対しては，電子の加速時間は必要ない，ということですべてをうまく

説明できる。

このアインシュタインの光量子仮説が発表されたのは1905年のことであるが，彼は驚くべきことにプランクの量子仮説をまったく知らずにこのモデルを発案したという話もある。また，当然ながら光が粒子であるという大昔にさかのぼるような話は，あまりにも革命的であり，当時なかなか受け入れられなかった。まさに従来の固定観念にとらわれない天才のなせる業であるが，彼はこの年に，どれも後年の物理学の基盤となり得る，ブラウン運動に関する論文，特殊相対性理論を同時に発表しており，奇跡の年と呼ばれている。面白いことに彼がノーベル賞を受賞するのは，相対性理論ではなく，この光電効果の論文であった。しかし，歴史上のほとんど同時期にこのような大胆な仮説が提唱されるというのも，また非常に不思議なことではある。

1.3 前期量子論

さてこのようにして，19世紀末に完成されたと思われた古典物理学に少しずつ綻びが見え始めた。この綻びはさらに広がり20世紀初めの前期量子論へとつながっていく。ここでは，そのマイルストーンともいうべきいくつかの実験・理論を簡単に紹介する。

1.3.1 コンプトン散乱

X線を物質に照射すると吸収される成分，透過する成分とともに散乱される成分が現れる。この散乱成分のなかには，入射成分と同じ波長を持つX線とそれより長い成分を持つものがあることが実験からわかった。さらに，その長波長成分のずれ $\Delta\lambda$ は，入射X線の波長，散乱する物質の種類に依存せず

$$\Delta\lambda = 0.002\,4(1 - \cos\phi)\ [\mathrm{nm}] \tag{1.6}$$

で表され，散乱角 ϕ だけに依存する。これも古典的波動の散乱からは理解しにくい。しかし，波動の一種であるX線を量子とみなし，散乱放出される電子との間に，粒子間の弾性散乱モデルを適用することで，この現象も以下のよ

うに理解された。

図 1.5 に，この弾性散乱の模式図を示す．これより

$$hν = E + hν' \qquad エネルギー保存則 \qquad (1.7)$$

$$\left.\begin{array}{l}\dfrac{hν}{c} = (m_e v)\cos θ + \left(\dfrac{hν'}{c}\right)\cos φ \quad x\text{軸方向} \\[6pt] 0 = (m_e v)\sin θ - \left(\dfrac{hν'}{c}\right)\sin φ \quad y\text{軸方向}\end{array}\right\} 運動量保存則 \quad \begin{array}{c}(1.8)\\[6pt](1.9)\end{array}$$

が成り立つことがわかる．ただし，ここで $hν$ を持つ波動の運動量を $hν/c$（c は光速）と仮定している．この方程式を解くことで，散乱振動数 $ν'$ が求まり，その波長のずれが，$Δλ = λ' - λ = h/m_e c(1 - \cos φ)$（ただし，$h/m_e c = 0.002\,426$ nm）と算出され，式(1.6)が求まる．$h/m_e c$ は電子のコンプトン波長と呼ばれるが，この結果もそれまで当然ながら波動であると解釈されていた，X線が粒子としても振る舞うという驚くべき事実を示唆している．

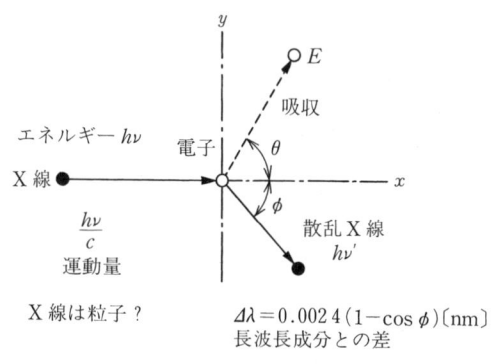

図 1.5　X線のコンプトン散乱：X線も粒子？

1.3.2　原子線スペクトルと正常ゼーマン効果

気体を高温に熱すると光が放出される．この光は熱する気体により特有の線スペクトルを示す．リュードベリは一般の原子について，この波長が以下のように二つの異なる項の合成から近似できることを実験的に発見した．

$$\frac{1}{\lambda} = R\left\{\frac{1}{(n_i+\delta_i)^2} - \frac{1}{(n_f+\delta_f)^2}\right\} = \frac{\nu_i}{c} - \frac{\nu_f}{c} \qquad (1.10)$$

R はリュードベリ定数である。この各項をスペクトル項と呼ぶが，さらにリッツはあらゆる線スペクトルが二つの異なるスペクトル項の組み合わせからなることを強調した（リッツの結合則）。$1/\lambda = \nu/c$ であるから，これはある発光振動数が ν_i/c と ν_f/c という二つの振動数の差からなることを意味するが，これは必ずしも古典的波動のように基本振動数の整数倍にはならないので，古典物理学での解釈はやはり困難である。この現象は次項で述べるボーアの原子論により説明されることになる。

また，この光源を磁場に入れ，磁場に垂直な方向から観察すると，水素原子やアルカリ土類金属では線スペクトルはさらに3本に分裂することも発見された。零磁場でのスペクトルが3本のうち中央に位置し，上下1本ずつがおのおのの振動数になおして $eH/4\pi mc$（H は磁場）の間隔で位置し，これは**正常ゼーマン効果**と呼ばれ，電子の**軌道角運動量**に依存した効果である。ラルモアは測定されたこの振動数のずれと印加磁場 H との関係から，e/m が電子の素電荷と質量の比に一致することを見い出し，原子中に電子が存在し，この現象に深く関与していることを明らかにした。

1.3.3 原子模型とボーアの原子論

原子が正電荷と負電荷からなることは当時すでにわかっていたが，前述したゼーマン効果の実験からその負電荷が電子であることが明らかになった。しかし，正電荷に対して負電荷がどのように分布するかは依然として謎であり，**図1.6**に示すように主として二つの模型が提唱されていた。

一つは，すいかモデル（トムソン模型）であるが，これではすいか本体が正電荷で，その中に電子は種のようにあちこちにランダムに分布している。

もう一つは，衛星モデル（長岡-ラザフォード模型），こちらでは正電荷は太陽に相当し，電子はその周囲の軌道を衛星のように回転しているというものであった。この議論は，ラザフォードが α 線を原子にぶつけ，後方散乱を調べ

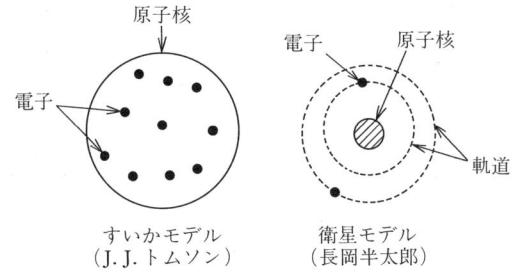

図 1.6 原 子 模 型

ることにより，正電荷が原子の中で1個所に集中していることを明らかにしたことから，衛星モデルが正しいということで決着した。しかし，当然ながら，このモデルには大きな欠陥があった。電荷を持った粒子が回転すればその粒子は電磁波を発するので徐々にエネルギーを失い，最後には回転できずに正電荷にくっついてしまう。これを解決したのが1913年に提唱されたボーアの原子仮説であった。

ボーアは水素原子では電子1個が原子の周囲を回転しているとし，以下の二つの仮説を提案した。

① 電子はあるとびとびの定常状態でのみ安定に存在する。その安定状態の条件は水素原子で

$$L = n\frac{h}{2\pi} \tag{1.11}$$

ここで，Lは電子の角運動量，nは整数である。この角運動量の量子化条件を満たす軌道以外では電子は安定に回転し得ないというわけである。したがって，電子が取り得るエネルギーもE_nという，とびとびの値に量子化される。

② 電子がある安定軌道nから別のよりエネルギーの低い安定軌道mに移る（遷移する）ときには，$h\nu = E_n - E_m$の光子を放出する。また，逆にこれに相当するエネルギーが外部から与えられれば電子はこれを吸収し，m軌道からn軌道にジャンプする。

①の仮説は，まさに電子を波動として解釈し，許される軌道は**図 1.7**に示す

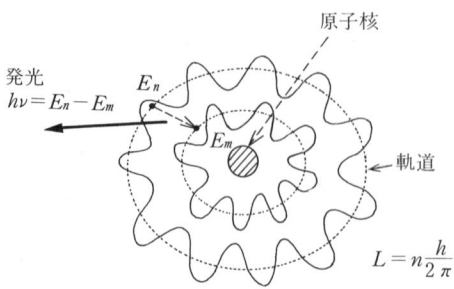

図 1.7 ボーアの原子論：なぜ電子は原子核に落ちない？

ように，波長 λ を持った電子波が原子核の周りを 1 周して戻ってきたときに，干渉の結果，波が消滅しない条件であるとすると理解できる．つまり，**角運動量** $L = mvr$ であるから式 (1.11) は

$$L = mvr = n\frac{h}{2\pi} \;\rightarrow\; \frac{2\pi r}{h/mv} = n \;\rightarrow\; \frac{2\pi r}{\lambda} = n \tag{1.12}$$

に帰着する．これはまさに説明したように円周 $2\pi r$ のなかに波長 λ が整数倍とれる条件である．ただし，ボーア自身はこのことを理解していたわけではなく，やはり発光現象を説明するための仮説として導入したのであるが，非常に大胆な仮説である．しかし，この仮説は原子に関する実験事実を見事に説明する．例えば，②は式 (1.10) で与えられた原子の線スペクトルをよく説明する．原子核と電子の間に働く力がクーロン力であることから，n 軌道にある電子エネルギー

$$E_n = -\frac{2\pi^2 m_e e^4}{h^2}\frac{1}{n^2} \tag{1.13}$$

が導かれる．したがって放出光の振動数は

$$\nu = \frac{E_n - E_m}{h} = -\frac{2\pi^2 m_e e^4}{h^3}\left(\frac{1}{n^2} - \frac{1}{m^2}\right) = \frac{c}{\lambda} \tag{1.14}$$

となり，これは式 (1.10) に一致する．

一番内側の安定軌道の半径は $a_B = (f/2\pi e)^2(1/m_e)$ で与えられ，**ボーア半径**と呼ばれる．

1.3.4 物理量の量子化

さて,運動量を p,軌道に沿った長さを q とすると,式(1.11)は

$$\oint p dq = \oint mv dq = 2\pi r \times mr\theta = 2\pi L_n = nh \tag{1.15}$$

に対応する。この式がさまざまな独立な経路 q に関して成り立つとして

$$\oint p_s dq_s = n_s h \tag{1.16}$$

で表し,これを**ウィルソン-ゾンマーフェルトの量子条件**という。

この式を三次元空間に適用した場合,図 1.8 に示すような球座標 r, θ, φ について表すと,各座標軸において同様の仮定が可能で

$$\oint p_r dr = n'h \tag{1.17a}$$

$$\oint p_\theta d\theta = k'h \tag{1.17b}$$

$$\oint p_\varphi d\varphi = mh \tag{1.17c}$$

が成り立つ。式(1.17a)はボーアの原子論そのものであるが,式(1.17b)は x-y 平面内の角度 θ に関して,また式(1.17c)は z 軸に関する角度 φ に関して,おのおの量子化がなされることを意味する。さらに,ここで式(1.13)と同様に

$$E_n = \frac{-2\pi^2 m_e e^4}{h^2} \frac{1}{(n' + k' + |m|)^2} \tag{1.18}$$

とおき,$n = n' + k$, $k = k' + |m|$ とおくと

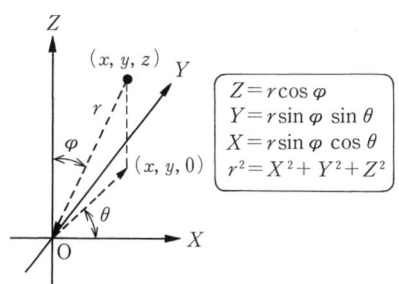

図 1.8　極座標表示

14   1. 量子力学の基礎

$$E_n = \frac{-2\pi^2 m_e e^4}{h^2} \frac{1}{n^2} \tag{1.19}$$

が得られる。またこのとき

$$L_k = k\frac{h}{2\pi} \tag{1.20 a}$$

$$L_m = m\frac{h}{2\pi} \tag{1.20 b}$$

が成り立つ。n を**主量子数**，k を**方位量子数**，m を**磁気量子数**と呼ぶ。

1.3.5 スピンの発見：異常ゼーマン効果とパウリの排他則

さて，図1.9(a)に示すように，前項で水素原子やアルカリ土類金属からの発光に磁場を加えると，発光スペクトル線は正常ゼーマン効果により等間隔の奇数個スペクトル線に分離することを述べたが，これは方位量子数に起因している。つまり磁場を加えない場合に l 個であったものが，磁場 H を加えると，軌道角運動量に相互作用して $2l+1$ 個に分裂したというわけである。磁場なしでの状態を**縮退**と呼び，以上の現象を磁場により縮退が解けるという。このスペクトル間隔は $eH/2mc$ で表され，これは軌道角運動量による磁気モーメ

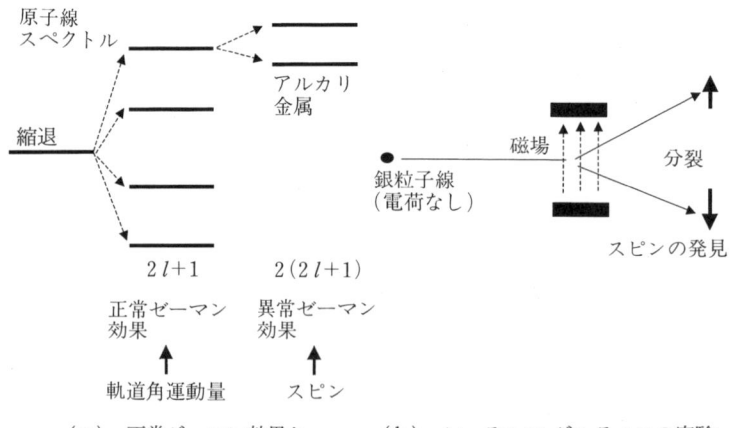

（a）正常ゼーマン効果と　　（b）シュテルン-ゲルラッハの実験
　　 異常ゼーマン効果

図1.9　ゼーマン効果とシュテルン-ゲルラッハの実験：スピンの発見

ント μ_l に依存し，$\mu_l H = eH/2mc$ の関係を持つ．

　しかし，アルカリ金属では図（a）に示すように，この各スペクトルがさらに間隔の異なる二つの線に分離して合計 $2(2l+1)$ 個の偶数個のスペクトル線が現れることがわかった．**異常ゼーマン効果**と呼ばれるこの現象で，分離したスペクトル間隔は，原子番号に依存しないことが実験から確かめられ，これは軌道角運動量では説明できなかった．

　さらに，図（b）に示すように**シュテルン-ゲルラッハの実験**から電荷に関与しない磁気モーメントが存在することが発見された．

　銀の粒子流を磁界中に入射させると流れは二つに分かれる．これは銀粒子が異なる二つの磁気モーメントを持っていることを意味するが，粒子自体の電荷は零なので，電荷に関与しない磁気モーメントを持っていることがわかる．

　結局，このスペクトル線の分裂の原因，銀粒子の磁気モーメントが電子のスピンに起因した磁気モーメント μ_s のせいである，つまり磁気量子数に依存するものであることが，エーレンフェストの弟子達のアイデアとパウリの考察により解明された．ここで初めて**電子のスピン**という概念が導入されたのである．

　古典電磁気学では，磁気モーメント μ を持つ物質が磁場 H のもとで持つエネルギーは $E = -\mu H$ である．μ は軌道角運動量と**スピン角運動量**に比例する二つの項からなり次式で表される．

$$\mu = \frac{\mu_l l}{\hbar} + \frac{\mu_s s}{\hbar} \tag{1.21}$$

l, s は前記の k, m と $k = l - 1$，$m = \pm s$ の関係を持つ方位量子数，**スピン量子数**である．$\mu_l = q\hbar/2mc$ は磁子と呼ばれる量で，その粒子の磁気モーメントの基準となる．また，μ_s はスピン角運動量による磁気モーメントで，電子の場合 $\mu_l = -e\hbar/2m_e c$ で与えられる．$\hbar = h/2\pi$ は**ディラック定数**と呼ばれる．

　これら方位量子数と磁気量子数の観点からもともとスペクトル線は $j = l + m$ に縮退していたことになる．この j は内部量子数と呼ばれた．パウリは，

"同一原子内に同一の (n, j, l, m) を持つ電子は存在しない"ことを指摘し，原子内での電子の配置を見事に説明した．これは**パウリの排他則**と呼ばれ，元素の構成を決めるきわめて重要な法則である．

1.4 後期量子論

1.4.1 ド・ブロイ波とシュレディンガー波動方程式

さて，このように多くの実験が粒子と波動の二重性を示唆する結果を示してきた．この二重性を定量的に結び付ける数式を提案したのがド・ブロイである．彼のモデルでは質量 m_0 の粒子が速度 v で走行しているとき，その粒子は

$$\lambda = \frac{h}{m_0 v} \tag{1.22}$$

で表される波長を持つ波束であると解釈される．波動と波束の違いは，波動（平面波）が空間的に無限に広がっているのに対して，波束の場合ある特定の位置にのみ集中して存在する波の束のようなもので，その位置に粒子が存在していることと相関づけてイメージされる．この波長は**ド・ブロイ波**と呼ばれる物質波の波長である．

式(1.22)はつぎのように，アインシュタインの**エネルギーと質量の等価則**，エネルギー量子を用いながら簡単に導かれる．

$$E = m_0 c^2 = m_0 c \times c = p \times \lambda \nu \tag{1.23}$$

また，$E = h\nu$ であるから

$$\lambda = \frac{h}{p} = \frac{h}{m_0 v} \tag{1.24}$$

この解釈をさらにおし進め，すべての物質を波動の観点から捕らえて現象を説明しようとしたのがシュレディンガーである．彼は次式のような**波動方程式**を提案した．

$$\frac{\hbar^2}{2m_0} \frac{d^2 \phi(r)}{dr^2} + \{E - V(r)\} \phi(r) = 0 \tag{1.25}$$

ϕ は波動関数，E はその波動の取り得るエネルギー，V はポテンシャル，

r は座標を表す。V として粒子の存在する系のポテンシャルを代入し，この二階斉次形微分方程式を解くことで，ある座標 r での波動関数 ϕ とそのエネルギー E が求まり，物質の波動としての性質が明らかにできるというわけである。ただしここでは時間に依存しない例を説明している。

式(1.25)は波束を空間的に積分したものを波動とし，それにポテンシャルの影響を加えることで次式のように求まる。まず波束を全運動量で積分したものを波動とする。

$$\phi(p) = \int_{-\infty}^{\infty} \tilde{A}(p) \exp\left\{\frac{i}{\hbar}(px - Et)\right\} dp \tag{1.26}$$

この式の時間微分はそのまま次式のようになる。

$$i\hbar \frac{\partial}{\partial t}\phi(p) = \int_{-\infty}^{\infty} E\tilde{A}(p) \exp\left\{\frac{i}{\hbar}(px - Et)\right\} dp \tag{1.27}$$

また，空間微分は次式のようになる。

$$-\frac{\hbar^2}{2m}\frac{\partial^2}{\partial x^2}\phi(x) = \int_{-\infty}^{\infty} \frac{p^2}{2m} E\tilde{A}(p) \exp\left\{\frac{i}{\hbar}(px - Et)\right\} dp \tag{1.28}$$

ここで，外部ポテンシャルがないときは運動エネルギーが全エネルギーであるから，$E = p^2/2m$ が成り立ち

$$i\hbar \frac{\partial}{\partial t}\phi(p) = -\frac{\hbar^2}{2m}\frac{\partial^2 \phi}{\partial x^2} \tag{1.29}$$

となる。ポテンシャル V がある場合，$E = p^2/2m + V$ なので

$$i\hbar \frac{\partial}{\partial t}\phi(p) = -\frac{\hbar^2}{2m}\frac{\partial^2 \phi}{\partial x^2} + V\phi \tag{1.30}$$

が成り立つ。ここで波動関数のうち時間に依存する成分をつぎのように分離したものをこの式に代入することで，時間に依存しない波動方程式(1.25)が求まる。

$$\Phi = \phi(p) \exp\left\{-\frac{i}{\hbar}(Et)\right\} \tag{1.31}$$

では，このようにして得られた波動としての情報を，粒子としての情報にどのように解釈しなおせばよいのであろうか？ ここで量子力学上，大きな論争を巻き起こした**確率解釈**が登場するのである。

1.4.2 ボルンの確率解釈：ボーアのコペンハーゲン解釈

確率解釈とは，波動関数の絶対値の 2 乗 $|\phi(r, t)|^2$ を，"粒子がある時間 t に，ある場所 r に存在する確率"として解釈しようとするものである。つまり波動方程式を解いて求められる波動関数から，どのように物質の粒子としての性質を定義し得るか？という問に対する答えとして，波動関数の絶対値の 2 乗を，その位置 r に物質が粒子として存在する確率として定義する，という不思議な話である。具体的には

$$|\phi(r, t)|^2 = \phi(r, t)\phi^*(r, t) \tag{1.32}$$

で示されるが，確率なので

$$\int |\phi(r, t)|^2 dr^3 = 1 \tag{1.33}$$

となる。この解釈では，古典的な電磁波のエネルギーも振幅の 2 乗に比例し，エネルギー量子仮説により，それは粒子数に比例するので，その意味での矛盾はない。また例えば電流連続の式（ρ は電荷，J は電流）

$$\frac{d\rho}{dt} + \mathrm{div}(J) = 0 \tag{1.34}$$

と比較すると

$$\rho = |\phi(r, t)|^2 \tag{1.35}$$

$$J = \frac{\hbar}{2mi}\{\phi(r, t)\nabla\phi^*(r, t) + \phi^*(r, t)\nabla\phi(r, t)\} \tag{1.36}$$

とおくことで，それを矛盾なく満たすこともわかる。このとき，電流ではなく確率流連続の式となり，$|\phi(r, t)|^2$ がまさに確率密度，式(1.36)が確率流に対応する。

この解釈に従うと，われわれはミクロな粒子の運動を確率的にしか知ることができないということになる。ニュートンの古典力学では，粒子の初期状態と周囲環境状態などの情報がすべて与えられれば，その粒子の運動を 100 ％予言できる，つまり初期状態と終状態には因果関係が成り立つ，というのは当然のことであり，また当然でなければならなかった。それを明らかにするのが物理学の役目であった。前述してきたように，量子力学発展の初期に重要な役目を

果たしたアインシュタインはこの確率解釈に真っ向から反論した。彼は，"神はサイコロを振り賜じ"といい，プリンストン大学に移ってからの晩年，このボーアを中心としたコペンハーゲン解釈に対するパラドックスを多く提言し，反対しながら死んでいった。

1.4.3 ハイゼンベルクの不確定性原理

さて，この不確定性原理も量子力学のなかで非常に不思議な原理の一つである。ハイゼンベルクは思考実験からこの原理を見い出し，提唱した。それはつぎの二つの式で与えられる。

$\Delta r \cdot \Delta p \sim \hbar$

$\Delta E \cdot \Delta t \sim \hbar$

r は位置座標，p は運動量，E はエネルギー，t は時間を表し，Δ はその物理量測定に関する誤差を意味する。例えば $\Delta r = \sqrt{(r-\bar{r})^2}$ は，測定値の平均からのずれの2乗平均である。これらの式は非常に不思議な現象を示唆する。例えば位置と運動量の不確定性に従うと，誤差なく，きわめて正確に物質の位置を測定するとき，Δr は 0 に近づく。しかしこれは一方で，Δp が無限大に発散することを意味し，運動量が正確に測定できなくなることを示唆する。同様のことがエネルギーと時間についてもいえる。結局，この原理に従えば，これら二つの物理量を同時に正確に測定できないことになる。量子力学の世界では，つねに $\hbar$ 程度の不確定性をもってしか物理量の測定ができないのである。

ハイゼンベルクの思考実験の定性的な例はつぎのような単純なものである。例えば電子の位置を光学顕微鏡で正確に測定しようとすれば，できるだけ波長の小さい光子を照射しなければならない。ところがこのとき光子の振動数，つまりエネルギーは大きくなってしまうので，コンプトン散乱により電子が受け取る運動量も大きくなってしまい，結局運動量を正確に測定できない。

正確には各運動量の間に**交換関係**（例えば $[r, p] = i\hbar$）が成り立つことか

ら，この不確定性が導かれるのであるが，いずれにせよℏが0ではなく，有限の値をもって存在することがこの原因である。

1.4.4 光子裁判

電子の粒子と波動の二重性を論じる場合に，その干渉実験は重要な意味を持つ。**電子線**を結晶に照射したとき，X線照射の場合のような干渉縞が出現することは**デビソン-ジャーマーの電子の回折実験**として知られており，電子の波動性を強く裏付けるものであった。さらに図1.10に示すような二つのスリットを通してスクリーン上に現れる**干渉縞**を観察する実験は，最もシンプルにこの二重性を理解させてくれる。

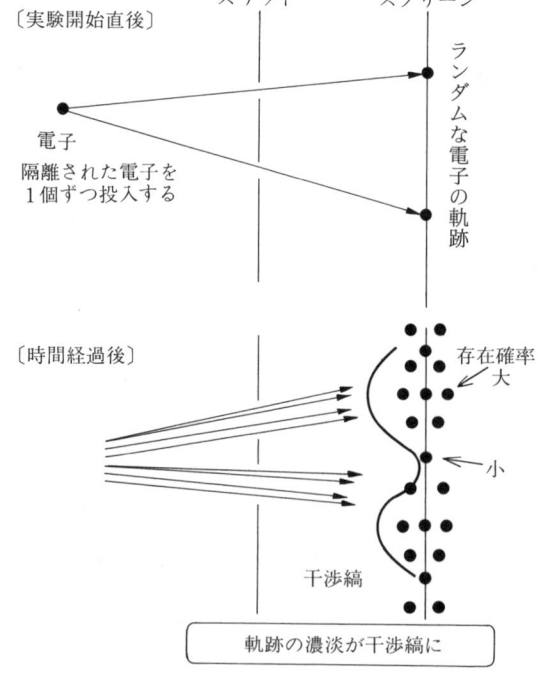

図1.10 電子線の干渉実験：電子は波？

かりに電子1個を時間，空間的に完全に隔離し，1個ずつこのスリットに向けて投入するとしよう。電子はどちらか一方のスリットを通過し，スクリーン上に点状の軌跡を残す。続けてどんどん電子を投入したとしても，普通に考えれば，多くの電子の軌跡がスクリーン上にランダムに残るだけで，干渉模様は残りそうにもない。もちろんスリットと電子の投入源からなる入射角に依存して電子が最も多く衝突しそうなスクリーンの位置には濃い軌跡が残るだろうし，スリットの影になって電子が到達できない箇所にはほとんど軌跡は残らないであろう。つまり，ここでは電子を1個ずつ飛ばすわけだから，波動性に基づいた光の干渉実験（**ヤングの干渉実験**）のような電子流による干渉縞は現れるはずはない。

　この思考実験は，電子顕微鏡の電子銃の性能改善により**位相コヒーレンス**の強い電子線を実現できるようになったことから，実際に行うことが可能になった。日立の外村らは，注意深い実験で電子1個ずつを実際に飛ばしてこの干渉実験を行ってみせた。その結果，実験開始初期においては電子1個ずつの軌跡は確かに点状にスクリーン上に出現したが，数時間後つぎつぎに電子を飛ばした結果，この軌跡の重合せにより，最終的にスクリーン上には干渉縞が現れることが見事に示された。

　これは考えにくい結果である。つまり飛ばした電子1個ずつはあくまで分離された1粒子としてランダムに飛んでいったかのように見えて，実は最終的に電子流の波動として干渉縞を作るべく，自分が辿り着くべき位置をあらかじめ知っていたことになる。しかも各電子は1個であり，スリットの一方しか通過していないにもかかわらず，干渉が起きるのである。

　さらに不思議なのは，図1.11に示すように，スリットのどちらか片方を閉じた瞬間にこの干渉縞は消え，スリットへの入射角に関連したある位置に軌跡は集合してしまうことである。つまりどちらのスリットを通過したかわれわれが知ったとたんに，波動はある1点付近に集まってしまう。この現象は**波束の収縮**と呼ばれ，次項で述べる量子力学の基本概念である観測問題として非常に重要になる。波動の干渉として考えるとこれは当たり前のことのように思われ

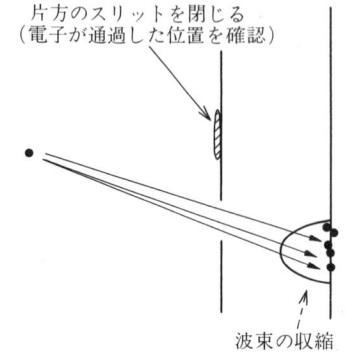

図1.11 波束の収縮：人間の観察行為は実験結果を変える？

る．しかし，前述したようにスリットの一方を閉じようと，閉じまいと，電子は片側のスリットしか通過しないのだから，この動作によりスクリーン上の軌跡の濃淡が薄くなることはあっても，干渉縞が変化することは考えにくい．不思議である．朝永振一郎は光子を用いてこれを議論し，光子裁判として面白おかしく論じている．

　しかし，この結果もここまで述べてきた波動とその確率解釈に基づけば理解できるかもしれない．電子1個をあくまでド・ブロイ波と考え，スリット形状を電位障壁とし，その投射角を考慮して三次元のシュレディンガー方程式に代入して解くことで，スクリーン上にできる波動の分布を予言することができる．スクリーン上に点状に付いた電子の軌跡は，この波動関数の絶対値の2乗として，確率的に予言され得る．複数の電子による干渉縞はおのおのの電子系について計算したスクリーン上の波動関数の**重合せ**の結果として出現する．また片方のスリットを閉じた場合に干渉縞が消滅することもこの方法で確認できる．量子力学の教える手順に従い淡々と計算し，確率解釈することによりすべてを確率的に予言・理解できるわけで，確率解釈はここでも正しいのである．つまり，ここで干渉縞を出現させる波は，確率の波，確率波なのである．

　電子1個を粒子であると考えたのは，あくまでその軌跡を見たからであって，それは波動が高い確率でそこに存在しているからにほかならない．また片方のスリットを閉じれば干渉縞が消えるのも，確率的に計算すればそうなると

いうだけの話になる。この波束の収縮は，量子力学の基礎的問題である**観測問題**として長い間議論されてきた。

1.4.5　観測問題（波束の収縮）：EPRパラドックス，シュレディンガーの猫

波束の収縮に代表される問題，つまり人間が物質，あるいは現象を観察するという動作そのものがその物質系，ひいては観察結果になんらかの影響を及ぼしているのではないか？という問題は哲学者をも巻き込み，長い間議論された。

これに反論する有名な思考実験として，図1.12に示すような**アインシュタイン–ポドルスキー–ローゼン（EPR）のパラドックス**がある。二つの異なる

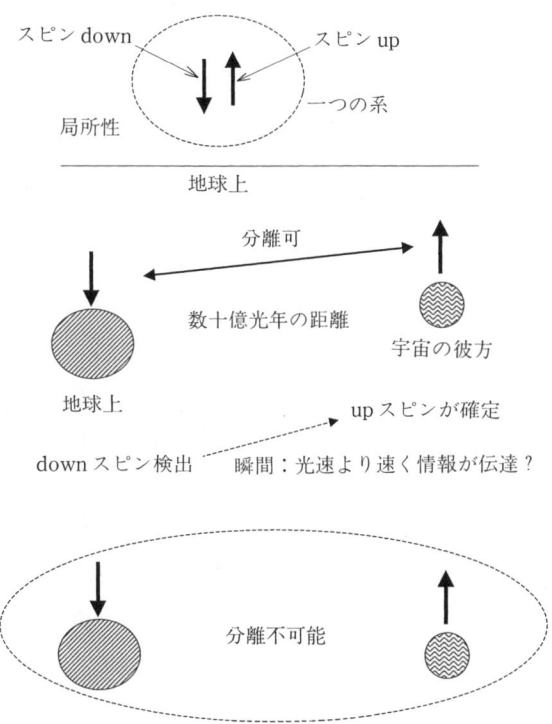

図1.12　EPRパラドックス：量子テレポーテーション？

向きを持つスピンを手元に置き1個所に集め閉じ込める。このとき合計のスピンは0である。その後，一方のスピンを宇宙の彼方まで引き離して置く。量子力学に基づけば，手元にある一つのスピンが例えば上向きであることを観測したとたんに，宇宙の彼方にある他方のスピンは下向きに確定してしまう。つまり，このパラドックスでは手元にあるスピンの情報が観測と同時に瞬時にして宇宙の彼方まで，なんらかの遠隔作用，または光速を超える速さで伝達することになる。光速を超える速さは存在しないというのが特殊相対性理論の原理であるから，これは不可能な話である。また遠隔作用なるものは物理学上いまのところ否定されている。分離可能性，局所性としてこのパラドックスは長い間検討されてきた。

ボーアらは，これに対して**分離不可能性・非局所性**を持ち出して反論した。つまり，あらかじめ相関を持たせた二つのスピンはその後2度と分離できない，いくら距離を離しても二つのスピンと観測者を含めたすべてが一つの原子系であることにかわりはないと主張した。したがって一方のスピンを検出した瞬間に他方が確定するのは，手元に両方のスピンを置いているときとなんら異なった話ではないというわけである。

1982年にアスペはこの検証実験として，スピンの代わりに，相関を持ち偏極した光を用いて有名な実験を行った。この実験は，EPRパラドックスは間違っており，ボーアらの量子力学の解釈があくまで正しい，という可能性を示した。しかし，このEPRパラドックスの検証は"量子もつれ"としていまでも盛んに行われており，最近ではこれに基づき，瞬時にして情報を伝達する**量子テレポーテーション**(まさに遠隔作用)，量子暗号の伝達まで研究されている。

さて，電子の干渉実験では，人間がスリットを片方閉じる，という動作が電子がもう一方のスリットを通過しているということを人間に認識させ，その結果突然干渉縞が消え，波束は収縮する。つまり人間の行為が干渉の実験に影響を与えているという解釈である。

このてのパラドックスのうちもう一つの面白い例として使われてきたのが，つぎのような**シュレディンガーの猫**である。

1.4 後期量子論

　図1.13に示すように窓のついた部屋に1匹の猫を入れておく。部屋の片隅には量子力学的過程に従って毒ガスを放出する物質を置いておく（シュレディンガーは実際には量子力学的過程に依存してα崩壊して出る放射線をガイガーカウンタでカウントすることにより，毒ガス発生器を作動させる装置を考えた）。もちろんこの毒ガスは猫に対して十分に効きめを持っているとする。窓を閉めているかぎり，人間はだれも猫の生死を直接的には知り得ない。このとき，それを予測する手段は毒ガスが出ているかどうかになる。この毒ガスは量子力学的過程に従って放出されるから，あくまで確率的にしか予測できない。したがって，猫の生死も確率的にしか知ることができないことになる。

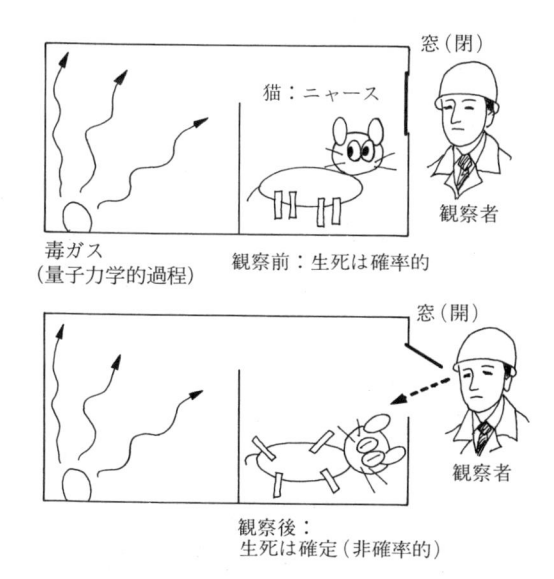

図1.13　シュレディンガーの猫：人間の観察行為が猫の生死を判断する？

　さて，ここで窓を開けて猫を観察してみよう。人間が猫を観察したとき初めて猫の生死は明らかになる。つまり死んでいるか，生きているかのどちらかであり，その中間状態はあり得ない。これはなにを意味するのか？　窓を開ける前は確率的にしか知りえなかった猫の生死が，人間が窓を開け観察する，という行為により100％死んでいるか，生きているか，という非確率的結果に変化

した，つまり人間の動作が猫の生死の判断に影響を与えたのである。窓を開ける前に確率的に分布していた波動が，窓を開け人間が観察することで突然に非確率的になる，まさに波束の収縮である。

　自然は人間に発見されるのを待っていた，人間が観察するという行為があって初めてこの世の中は存在するというわけである。つまり月は人間が見たときのみに存在する。確かに，人間が存在しない世界でも，この宇宙・物質が存在するのかと聞かれると，だれも答えられない。なぜならすべての認識はあくまで人間の五感，脳があって始まっているからである。もしかすると，人間が存在するこの現実の世界は，単に人間の脳のみに認識され得ている幻想なのかもしれない。かりに宇宙人なるものが存在するとき，彼ら（彼女ら？　やつら？）には，この宇宙はどう認識されているのか，人間はだれも知り得ない。物理学は，宇宙・物質・現象を，単に人間の脳に理解できる形に焼き直しているものにすぎないかもしれない。しかしながら，物理学はこうした認識を許してはいけない。人間がいようといまいと自然の法則は成り立ち，淡々と時間が流れ，現象の起承転結は存在しなければいけない。人間が窓を開ける動作によって猫の生死の判断をしてはいけないのである。

　この話も前述したスクリーンの干渉実験から理解できるかもしれない。例えばこの猫の入った実験部屋を複数持ってきて，重ね合わせればよい。仮に10個の部屋を観察した場合，そのうち猫が生きている部屋，死んでいる部屋の数は量子力学で確率的に正確に予言できる。これはスクリーンに複数の電子を飛ばした場合の干渉縞に相当する。ある1個の部屋での猫の生死は，1個の電子がスクリーン上のどこに高い確率で存在するかという話に相当し，10個の部屋の中での，特定のある1個の部屋での猫の生死の確率と考えれば，確率解釈になんら矛盾しない。人間が観察しようとしまいと，この確率は変わらない。

　さらに，この話にはほかにもおかしな点がある。それは，量子力学的に毒ガスが発生するからにはその発生過程はミクロな世界で生じる現象であり，それを猫の生死というマクロな現象に直接結び付けていいのだろうか？という疑問である。毒ガスの発生は量子力学的現象でミクロな世界での話であるため，当

然人間が直接観察することは困難である。この話ではその観察をわかりやすくするための例として猫の生死を引き合いに出したわけであるが，ここに問題がある。普通に考えると，量子力学的ミクロな世界におけるマクロな正解は，そう簡単にはマクロな世界で成り立たない。もちろん近年マクロスコピック量子効果は**量子コンピューティング**などからいろいろ話題にはなってはいるが，それは特殊な系の話であって，やはりたとえ話であっても量子力学的過程に従う毒ガスの噴出と猫の生死を直結して議論するのはあまりにも乱暴であろう。

1.5 量子力学

1.5.1 波動からのアプローチ

さて，本節では物質を波動として扱ったアプローチとして時間に依存しないシュレディンガー波動方程式を解くことにより，ある位置に存在し得る波動関数，その取り得るエネルギー状態を計算し，ミクロな世界でどのような不思議な現象が起き得るかを調べてみることにしよう。等価な理論としてハイゼンベルクの行列力学があるが，数学的記述が多いので，ここでは物理的直感で理解しやすいこのアプローチを用いる。

このような問題は物質の存在するポテンシャル形状に依存して，主として束縛問題，散乱問題の二つの観点に分けられる。

束縛問題では，粒子はポテンシャルの量子井戸の中に閉じ込められ，波動としての定在波を形成し，このとき井戸中に存在し得る波動関数とエネルギー準位が計算される。また，散乱問題では，粒子がポテンシャル障壁に衝突した場合の散乱や，透過の確率を計算する。これらの結果は日常では考えられない不思議な現象がミクロの世界で生じていることを教えてくれる。

1.5.2 束縛問題

まず，**束縛問題**から入るとしよう。束縛問題ではポテンシャル井戸中に閉じ込められ，まさに束縛されている粒子の波動関数，エネルギー状態を計算す

る。最も簡単で典型的な例は，**図 1.14** に示す深さ無限大で幅 a の一次元量子井戸中に閉じ込められた電子についての計算である。もちろん，ここでの井戸幅 a は，電子が波動として扱われ得る電子のド・ブロイ波長以下の大きさである。この場合の時間に依存しないシュレディンガー方程式は次式で与えられる。

$$\frac{\hbar^2}{2m_0}\frac{d^2\phi(x)}{dx^2} + \{E - V(x)\}\phi(x) = 0 \tag{1.37}$$

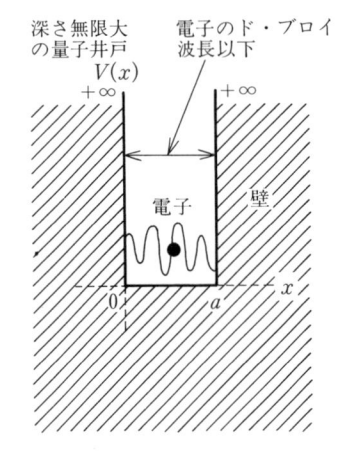

図 1.14 束縛問題：エネルギーの量子化

ここで，$\hbar$ はディラック定数（$h/2\pi$），m_0 は電子の質量，E は電子のエネルギー，$V(x)$ はポテンシャル，$\phi(x)$ は電子の波動関数である。まず，すぐにわかるのは井戸の外では波動関数は 0 でなければならないということである。なぜなら，波のしみ出しを無視すれば，無限の高さを持つ障壁中に波は存在し得ないからである。したがって，$x < 0, \ x > a$ では $\phi(x) = 0$ である。さて，つぎに井戸中でのポテンシャルは 0 であるから，$V(x) = 0$ とおける。つまり $0 \leq x \leq a$ での波動方程式は次式で与えられる。

$$\frac{\hbar^2}{2m_0}\frac{d^2\phi(x)}{dx^2} + E\phi(x) = 0 \tag{1.38}$$

これは二階斉次型微分方程式なので特性方程式の解 λ は

$$\lambda = \pm \frac{\sqrt{2m_0 E}}{\hbar}i \tag{1.39}$$

となり，独立解 $\phi(x)$ は

$$\phi(x) = A\sin\beta x, \quad B\cos\beta x \tag{1.40}$$

で与えられることがわかる。ただし

$$\beta = \frac{\sqrt{2m_0 E}}{\hbar} \tag{1.41}$$

ここで重要なのは波動関数に対する境界条件である。つまり井戸中に定在波が存在するためには，井戸の端で波は節を作らなければならない。また井戸外での波動関数は 0 であるので，境界条件として $x = 0, a$ で

$$\phi(0) = 0, \quad \phi(a) = 0 \tag{1.42}$$

が必要になる。まず，$\phi(0) = 0$ がつねに成り立つには，$B\cos\beta x$ は解であり得ないことは自明である。つぎに，$\phi(a) = 0$ がつねに成り立つために，つぎのような β に関する条件が求まる。

$$\phi(a) = A\sin\beta a = 0, \quad \beta a = n\pi \; (n = 0,\; 1,\; 2,\; 3,\; \cdots) \tag{1.43}$$

よって波動関数は

$$\phi(x) = A\sin\left(\frac{n\pi}{a}x\right) \tag{1.44}$$

となる。

さて前節で議論したように波動関数が確率振幅として物理的に意味を持つには，井戸中でその 2 乗を積分したものが 1 にならなければならない。つまり

$$\int_0^a |\phi(x)|^2 \, dx = \int_0^a \left| A\sin\left(\frac{n\pi}{a}x\right) \right|^2 dx = 1 \tag{1.45}$$

にならなければならない。これから係数 A は

$$A = \sqrt{\frac{2}{a}} \tag{1.46}$$

と求まる。したがって，最終的に求める波動関数は

$$\phi(x) = \sqrt{\frac{2}{a}} \sin\left(\frac{n\pi}{a}x\right) \tag{1.47}$$

となる。

つぎに，この波動関数がどのようなエネルギー状態を取り得るかを調べてみ

よう。これは式(1.41)，(1.43)から簡単に求まる。

$$\beta = \frac{\sqrt{2m_0 E}}{\hbar} = \frac{n\pi}{a} \tag{1.48}$$

となり，エネルギー E は

$$E = \frac{\hbar^2}{2m_0}\left(\frac{\pi}{a}\right)^2 n^2 \tag{1.49}$$

となる。式(1.49)は，非常に重要な物理概念を教えてくれる。つまり"量子井戸中で電子が取り得るエネルギー E は不連続である"ということである。これは日常のマクロな世界では考えにくい。日常生活の中で，エネルギーがとびとびに変わるなどという現象はちょっと思いつかない。運動エネルギーにしろ位置エネルギーにしろ，変化はつねに連続して起こる。一見不連続に見える変化も，もっと細かい時間，空間レンジで観察すれば必ず連続している。したがって，シュレディンガー方程式を解く際の境界条件（式(1.43)）から自然に導かれるこの**離散したエネルギー準位**の存在は，量子力学が教える驚くべき概念であると同時に，物性物理の観点からは，バンド理論の基礎ともなるきわめて重要なものである。

1.5.3 散乱問題

つぎに**散乱問題**について調べてみよう。図 **1.15** のようにポテンシャル障壁に電子が投げつけられた場合，ミクロな世界ではどのような現象が起きるのであろうか？　日常の世界でボールを壁に投げつけるとなにか驚くようなことが起きるか？　ボールは壁にあたって跳ね返るか，プロ野球の松坂投手のような剛速球であれば壁にめり込むかもしれない。驚くことが起きるとすれば壁自体が破壊されてしまう（米大リーグで活躍する野茂投手のような剛球であれば）とか，ボールが壁をくり貫いて貫通してしまう，といったところであろうか？いずれにせよ，ボールは跳ね返るか，壁を壊すという現象が起きるであろう。

これに対してミクロな世界では驚くべきことに，このボールは壁を破壊することなくするすると通り抜けて，トンネルしてしまうのである。まさにこの現

1.5 量子力学

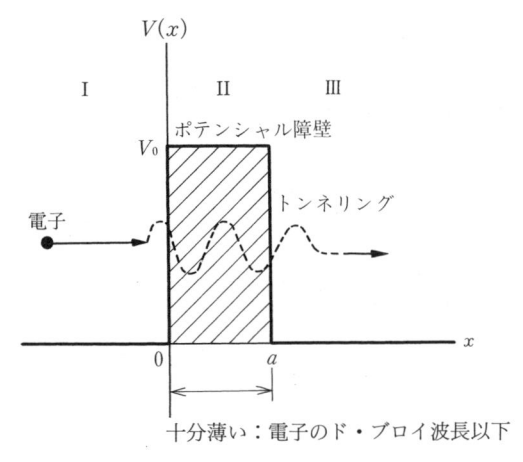

```
        V(x)
    I  | II | III
       |////|
    V₀ |ポテンシャル障壁
       |////|  トンネリング
  電子  |////|
   ●→  |////| →
       |////|
    0    a       x
       ←──→
   十分薄い：電子のド・ブロイ波長以下
```

図1.15 散乱問題：トンネル効果

象をその名の通り**トンネル効果**と呼ぶ．本書の主題である**単一電子トンネリング**は，電子1個ずつが順番にこのトンネル効果を起こす現象であるので，ここでトンネル効果の基本概念を理解しておくことはきわめて重要である．

さて，エネルギー E を持つ電子が，図のような高さ V_0 のポテンシャル障壁に投入された場合，シュレディンガー方程式を解いてこのトンネル効果を調べてみよう．

この場合，各領域でのシュレディンガー方程式をたてる必要がある．図中領域 I，II，III でのシュレディンガー方程式はつぎのようになる．

$$x<0,\ x>a\ (\text{I, III}) \qquad \frac{\hbar^2}{2m}\frac{d^2\phi}{dx^2} + E\phi = 0 \tag{1.50 a}$$

$$0<x<a\ (\text{II}) \qquad \frac{\hbar^2}{2m}\frac{d^2\phi}{dx^2} + (E - V_0)\phi = 0 \tag{1.50 b}$$

式(1.50 a)についての特解は式(1.39)で与えられ，また式(1.50 b)についての特解は

$$\lambda = \pm \frac{\sqrt{2m_0(V_0 - E)}}{\hbar} \tag{1.51}$$

である．ここで

$$\beta' = \frac{\sqrt{2m_0(V_0 - E)}}{\hbar} \tag{1.52}$$

とすると，各領域での波動関数は数学的に

$$\phi_\mathrm{I}(x) = A\exp(i\beta x) + B\exp(-i\beta x) \quad (領域\mathrm{I}) \tag{1.53a}$$

$$\phi_\mathrm{III}(x) = C\exp(i\beta x) + D\exp(-i\beta x) \quad (領域\mathrm{III}) \tag{1.53b}$$

$$\phi_\mathrm{II}(x) = E\exp(\beta' x) + F\exp(-\beta' x) \quad (領域\mathrm{II}) \tag{1.53c}$$

と表される。これらの式を物理的に解釈する。$\exp(i\beta x)$ は自由空間内を電子の入射方向に進む平面波であり，$\exp(-i\beta x)$ はその反対方向に進む平面波である。その意味では式(1.53a)中の $A\exp(i\beta x)$ はまさに領域I内で障壁に入射してくる電子の波動関数，$B\exp(-i\beta x)$ は逆に障壁で反射されて領域I内を戻っていく波動関数であると解釈できる。式(1.53b)を同様に解釈すると，$C\exp(i\beta x)$ は障壁を透過し領域内を進む波動関数である。ところが，$D\exp(-i\beta x)$ はその反対方向に進む波動関数であり，領域の外側に反射障壁がないかぎり，この波動は物理的に存在し得ないことがわかる。したがって，領域での波動関数は $C\exp(i\beta x)$ のみとし，領域での波動関数は式(1.54)のようになる。

$$\phi_\mathrm{III}(x) = C\exp(i\beta x) \quad (領域\mathrm{III}) \tag{1.54}$$

つぎに，式(1.53c)の $E\exp(\beta' x)$ は障壁内部で指数関数的に増加する波動，$F\exp(-\beta' x)$ は障壁内部で指数関数的に減衰する波動関数である。障壁内部に存在する波動については物理的にこの段階で予測できないので，ここでは両者とも考慮に入れることにする。

さて，各領域での波動関数が領域間の境界 ($x = 0,\ a$) で連続的につながるためには，波動関数はまず次式のような境界条件を満たさなければならない。

$$\phi_\mathrm{I}(0) = \phi_\mathrm{II}(0), \quad \phi_\mathrm{II}(a) = \phi_\mathrm{III}(a) \tag{1.55}$$

さらに，波動関数が境界で滑らかにつながるためには，その接線が重なることが必要であるので波動関数の一次微分が等しければよい。つまり

1.5 量子力学

$$\phi'_\mathrm{I}(0) = \phi'_\mathrm{II}(0), \quad \phi'_\mathrm{II}(a) = \phi'_\mathrm{III}(a) \tag{1.56}$$

がもう一つの境界条件となる。

式(1.55)より

$$\phi_\mathrm{I}(0) = A + B = \phi_\mathrm{II}(0) = E + F \tag{1.57a}$$

$$\phi_\mathrm{II}(a) = E\exp(\beta'a) + F\exp(-\beta'a) = \phi_\mathrm{III}(a) = C\exp(i\beta a) \tag{1.57b}$$

式(1.56)より

$$\phi'_\mathrm{I}(0) = i\beta(A - B) = \phi'_\mathrm{II}(0) = \beta'(E - F) \tag{1.57c}$$

$$\phi'_\mathrm{II}(a) = \beta'\{E\exp(\beta'a) - F\exp(-\beta'a)\}$$

$$= \phi'_\mathrm{III}(a) = i\beta C\exp(i\beta a) \tag{1.57d}$$

さて、ここで領域III内に波動が透過することを確認するためには、領域での入射波の存在確率に対する領域での透過波の存在確率の割合（透過確率 T）をみればよいから

$$T = \frac{|C\exp(i\beta x)|^2}{|A\exp(i\beta x)|^2} = \left(\frac{C}{A}\right)^2 \tag{1.58}$$

がわかればよい。式(1.57)から

$$\frac{C}{A} = \frac{4i\beta\beta'\exp(-i\beta'a)}{(\beta - i\beta')^2\exp(-\beta'a) - (\beta + i\beta')^2\exp(\beta'a)} \tag{1.59}$$

と求まるので

$$T = \left|\frac{C}{A}\right|^2 = \frac{4(\beta\beta')^2}{(\beta^2 + \beta'^2)^2\sinh^2(\beta'a) + 4(\beta\beta')^2}$$

$$= \frac{4E(V_0 - E)}{V_0^2\sinh^2(a/2b) + 4E(V_0 - E)} \tag{1.60}$$

になる。ただし、$b = (2\beta')^{-1}$である。

式(1.60)が0であるためには分子＝0か、分母＝∞であることが必要である。図1.15の場合 $V_0 - E > 0$ であり、入射電子の $E > 0$ であるから、分子は0であり得ない。また分母は V_0 が無限大である場合のみ無限大となるの

で，これも有限のポテンシャル障壁を仮定しているここではあり得ない。したがって"T は 0 にならない"のである。

つまり，ポテンシャル障壁に入射した電子は壁を破壊することなく透過し，領域Ⅲに達し得るのである。これは日常のマクロな世界ではまったく想像され得ない現象である。

1.5.4 量子統計

1個の量子力学的粒子についての波動性は，ここまでの話である程度イメージできたと思うが，実際の世界では複数の粒子が集まって現象を形成するわけで，それを理解するためには必然的に統計力学が重要になる。マクロな古典的粒子の振舞いを表す統計が式(1.61)で表される**マクスウェル-ボルツマン**(Maxwell-Boltzmann)**統計**である。マクロな世界での粒子なので1個ずつが区別できるという点から，この式は導かれる。

$$f(E) = \exp\left(\frac{-E}{kT}\right) \tag{1.61}$$

この式はある粒子がエネルギー E をとる確率，あるいは E に粒子が存在する確率として解釈される。

これに対して，ミクロな世界での粒子は，つぎの2種類の量子統計により表される。一つは**フェルミ-ディラック**(Fermi-Dirac)**統計**，もう一つは**ボース-アインシュタイン**(Bose-Einstein)**統計**と呼ばれ，おのおのつぎの**分布関数**で表される。

$$f(E) = \frac{1}{\exp\left(\dfrac{E-\mu}{kT}\right) + 1} \tag{1.62}$$

$$f(E) = \frac{1}{\exp\left(\dfrac{E-\mu}{kT}\right) - 1} \tag{1.63}$$

ここで，μ は**化学ポテンシャル**と呼ばれる物理量である。

さて，両式とも粒子がミクロなので区別できないという仮定に基づいた順

列・組合せから簡単に導かれるのであるが，その詳細は統計力学の教科書にまかせて，ここでは各統計に従う粒子の物性論的解説を行う。各統計に従う粒子はつぎのような特徴を持つ。

フェルミ-ディラック統計　同一エネルギー準位には1個の粒子しか存在できない。スピンまで考慮しても最大二つの粒子しか存在できない。半整数倍のスピンを持つ。

ボース-アインシュタイン統計　同一エネルギー準位に複数の粒子が存在可能である。整数倍のスピンを持つ。

例えば，電子はフェルミ-ディラック統計に従う典型的な粒子であり，光子はボース-アインシュタイン統計に従う典型例である。これら個々のミクロ粒子が従う統計力学がマクロな物質としての性格を大きく異なったものにし，また想像もつかない不思議な現象を呼び起こすのである。

まず，最も重要な電子の振舞いを式(1.62)に基づき論じてみよう。固体中の電荷輸送のキャリヤとなるのは基本的には電子であるから，これはきわめて重要な話である。式(1.62)から**フェルミ分布関数**のエネルギー依存性は図**1.16**(a)のように表される。絶対零度で $T=0\,\mathrm{K}$ の場合，$kT=0$ なので $E-\mu$ の値が強調される。つまり $E-\mu<0$ のとき，$(E-\mu)/kT \ll 0$ となり，式(1.62)中の $\exp\{(E-\mu)/kT\}$ の項は 0 になる。したがって，$f(E)=1$ とな

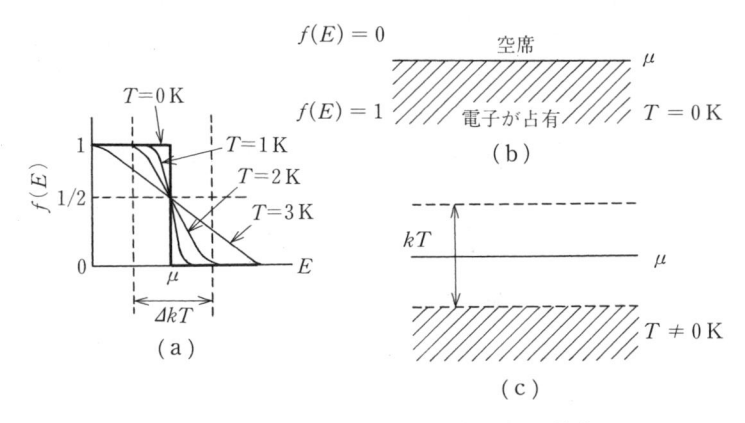

図1.16　フェルミ-ディラック統計：電子の統計

る。逆に $E - \mu > 0$ のとき，$(E - \mu)/kT \gg 0$ となるので，式(1.62)の分母は無限大に発散し $f(E) = 0$ になる。したがって，図(a)のように μ を境にして，$f(E)$ は1から0に突然切り替わるのである。これはどういう物理的意味を持つのであろうか？ $f(E)$ は粒子が E というエネルギーに存在する確率であるから，$f(E) = 1$ はすべてのエネルギー準位が電子で占有されていることを，$f(E) = 0$ はすべてのエネルギー準位が空席であることを意味する。つまり図(b)のように μ より低いエネルギー準位にはぎっしり電子がつまっており，μ より上のエネルギー準位には電子がまったく存在しないことになる。この意味で μ はきわめて重要な物理的意味を持ち，**フェルミ準位**とも呼ばれる。もちろんこれは前述した粒子の性質のうちで，1準位に1個の粒子しか存在できないことがポイントになっている。だからこそ低いほうのエネルギー準位から順番にエネルギー準位が埋めつくされていき，μ までぎっしり電子がつまることができるのである。

　さて，温度が上昇すると kT が有限の値を持つので前述した効果はぼけてくる。これは図(c)に示すように μ を中心とした kT の幅のエネルギー範囲で，$f(E)$ が1から0に徐々に切り替わることを意味する。実際の物質では絶対零度という場合はまれであるので，この場合が重要になる。高エネルギーを外部から与えないようにし，フェルミエネルギー付近の電子の振舞いを観察することが物質の性質を知るうえできわめて重要な手段となるのである。

　これに対して，ボース-アインシュタイン統計に従う典型的粒子は光子であるが，固体元素としてはヘリウムがある。ヘリウム原子は1エネルギー状態に凝縮することで，超流動と呼ばれる不思議な現象を引き起こすことが知られている。また近年，原子のレーザ冷却の技術が開発され，あらゆる原子を絶対零度近くまで冷却することが可能になってきた。これによりさまざまな原子の**ボース-アインシュタイン凝縮**が可能になり，多くのマクロな量子力学現象が観察されつつある。

2 単一電子トンネリングの基礎

2.1 はじめに：単一電子トンネリングとはなにか

　前章で説明したとおり，トンネリングという現象は電子の波動性を顕著に表す典型的な例であった．
　さて，一般的なトンネル効果が，複数の電子が例えば同一印加電圧のもとで，エネルギー的にたがいに無相関に，かつ時系列的にもランダムに，連続してトンネル接合を透過していくことをイメージさせるのに対して，**単一電子トンネリング**（single electron tunneling：SET）とは，トンネリングに際して電子間に相互作用が働いた結果，その名のとおり時系列的に離散的に（つまり1個ずつ）電子がトンネル接合を透過していく現象である．
　この相互作用を媒介する最も重要な役割を担うのが，電子1個のトンネリングで生じるトンネル接合の**帯電効果**（**帯電エネルギー** $E_c = e^2/2C$：C は接合容量）である．つまり等価回路でいえば，トンネル効果が単にトンネル抵抗のみで記述されたのに対して，この場合は図2.1で示すように，それに並列接続された容量 C が効力を発揮する．前章で説明した，粒子と波動の二重性という量子力学的観点からみれば，"素電荷 e で帯電エネルギーを介して粒子性を強調する電子が，同時にトンネリングというきわめて波動性の強い現象を引き起こし，しかもその代表的な臨界電圧である $e/2C$ という電圧単位は，われわれが実験で簡単に測定できる値である"という非常に面白いものである．
　さて，その詳細を説明する前に，ここで単一電子トンネリングの典型的な現

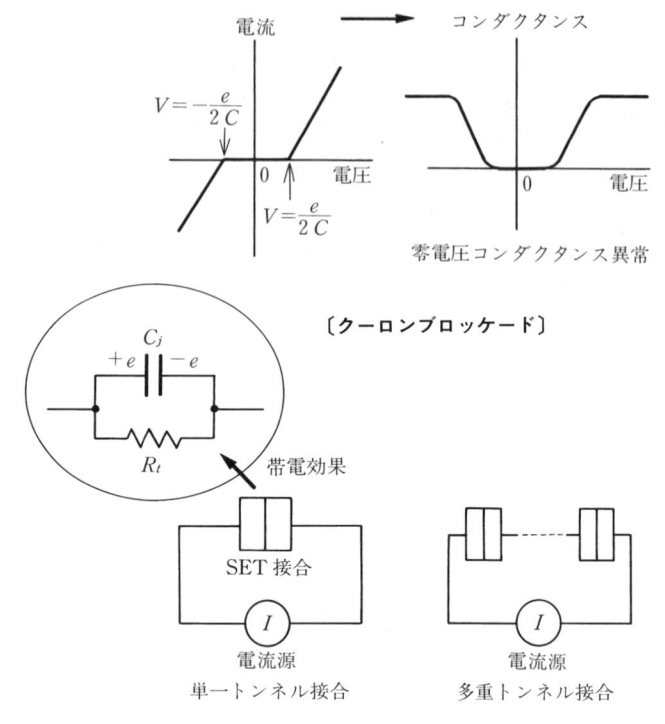

図 2.1 クーロンブロッケード：単一電子トンネリングの代表例

象のいくつかの概略を列挙し，まずそのイメージを理解してもらうことにしよう。図 2.1〜図 2.4 に単一電子トンネリングの典型的現象であるクーロンブロッケード，クーロン階段，クーロン振動，SET 振動の模式図を，また図 2.5 にクーロン振動を利用し世界で最初に室温動作に成功した SET メモリの特性例を，おのおのに対応した接合回路模型とともに示す。

まず，図 2.1 に示す単一電子トンネリングの最も典型的な現象である**クーロンブロッケード**（クーロン閉塞）では，観察される電流-電圧特性が非線形になり，零電圧付近である特定の電圧を超えるまで基本的には電流が流れない（つまり，コンダクタンスが異常に低い）という**零電圧コンダクタンス異常**と呼ばれる現象が現れる。この特定電圧（クーロンブロッケード電圧）は $V_c = e/2C$（e は電子の素電荷，C はトンネル接合容量）で表され，トンネリング

2.1 はじめに：単一電子トンネリングとはなにか

によりトンネル接合に1個の電子が蓄積されたときの接合の帯電エネルギーに相当する．この帯電エネルギーが電子のトンネリングをブロックする．単一トンネル接合の場合は，いったん印加電圧がこのクーロンブロッケード電圧を超えれば，電流はトンネル抵抗 R_T の逆数に比例して線形に流れる．

つぎに，**図2.2**に示す**クーロン階段**は，**多重接合**（2個以上のトンネル接合の直列接続）で観察される特性で，零電圧付近のクーロンブロッケードに加えてクーロンブロッケード電圧以上でも，図2.1の線形電流の上に階段状の成分が乗る．これは以下のように説明される．1番目のトンネル接合を透過した電子はいったん接合間（アイランド）に N 個ずつ蓄積された（**マクロな電荷量子化**）のち，2番目の接合をトンネリングし，アイランドから流出して電流成分となる．しかし，電子 N 個の蓄積による帯電エネルギーを超える電圧を接合に印加しないかぎり，蓄積電子数は $N+1$ に移れないので，電圧を増加しても，観察される電流成分としての電子数は N 個のままで，電流は増加しない．つまり1番目の階段では常に1個の電子の蓄積と流出が，2番目では2個が，N 番目では N 個が，おのおのその電流を担っている．

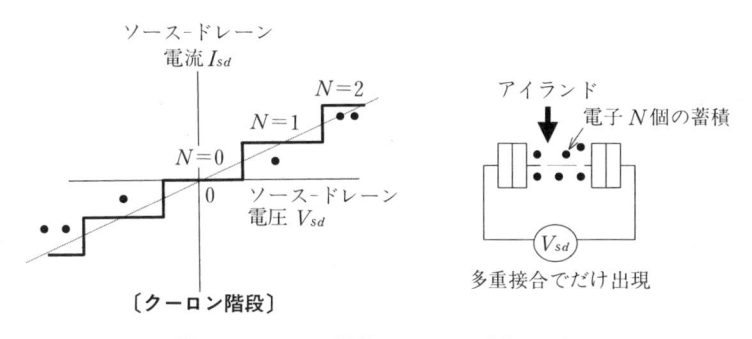

図2.2 クーロン階段：マクロな電荷量子化

図2.3に示す**クーロン振動**は，この多重接合のアイランド部に**第三の電極**（**ゲート電極**）を接続した場合に観察される．クーロン階段の場合は，接合両端の2端子の電圧（ソース-ドレーン電圧）によりアイランド部からの電子の離散的な流れが制御されたが，この場合はソース-ドレーン電圧は固定された

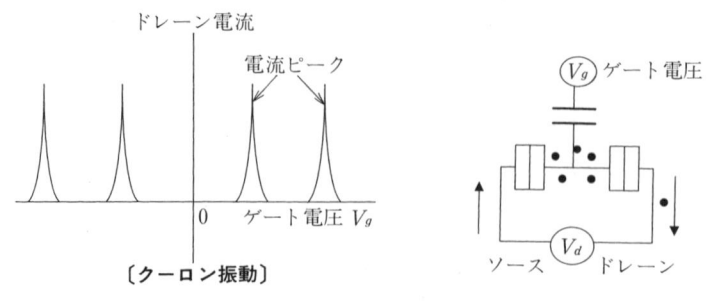

図 2.3 クーロン振動：第三の電極による電子 1 個の出し入れ

うえで**アイランド内の化学ポテンシャルをゲート電圧で制御**し，アイランド内に蓄積した電子を 1 個ずつ取り出す方法である．例えば電子 N，$N+1$ 個分の帯電エネルギーに相当するアイランド内の化学ポテンシャルが，ソース，ドレーン電極の化学ポテンシャルに整合するごとに，1 個ずつ電子がドット内に出入りできる．また，例えば半導体二次元電子ガスで形成した量子ドット構造では鮮明な量子化エネルギー準位が存在し，帯電エネルギーの化学ポテンシャルを加えた，そのエネルギー準位が電極の化学ポテンシャルと整合するごとに電子が 1 個ずつアイランドから流出する．したがって，基本的にはゲート電圧に対して周期的に電流ピーク（クーロン振動）が現れる．この動作は SET トランジスタのみならず，多くの単一電子を使った操作の基本原理となるきわめて重要なものである．

図 2.4 に示す **SET 振動**は，特にトンネル接合に定電流源を接続した場合のみに観察される，次式で表される自発発振である．

$$f = \frac{I}{e} \qquad (2.1)$$

ここに，f は発振周波数，I は系に流れる直流電流，e は電子の素電荷である．

発振周波数を直流電流で制御できるという不思議な現象であるが，発振強度が弱いため普通はロックインアンプを用いて検出される．接合への単電子の充放電が繰り返された結果生じる現象である．

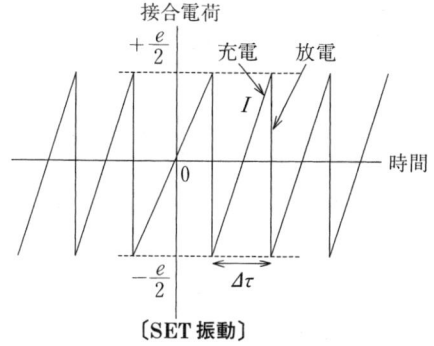

図2.4 SET振動：単電子の充放電による自発発振

〔SET振動〕
$I = \dfrac{e}{\varDelta\tau} = ef \longrightarrow$ 発振周波数 $f = \dfrac{I}{e}$

最後に図2.5に示す **SET メモリ** は，通常のフローティングメモリのフローティングゲートとして多結晶シリコンを用いた場合，その一つのセル内に単一電子が蓄積されることを利用し，その単一電子の有無によりソース–ドレーン間を流れる電流をスイッチング，つまり書込み・消去動作を行うメモリである．1990年代初期，日立はこの方法で世界で初めて室温動作するSET素子の開発に成功して話題になった[1]†．

さて，本節で述べた現象を生み出す電子間の相互作用の原因となっているのは，前述したように，トンネル接合を一種のキャパシタとみなしたとき電子の

〔SETメモリの特性〕

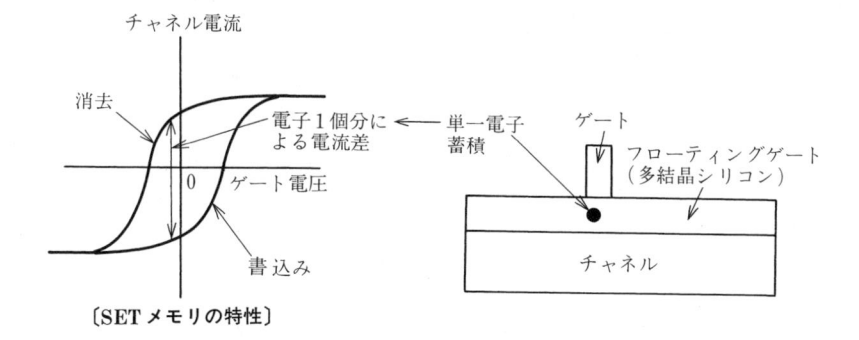

図2.5 SET メモリ

---

† 肩付数字は巻末の参考文献の番号を示す．

トンネリングの結果生じる**接合の帯電エネルギー**である。**図2.6**に示すように，最も簡単なトンネル接合の構造は，絶縁体の両側を金属でサンドイッチしたものである。これはまさにトンネリングが生じ得るほど薄い（電子のド・ブロイ波長程度）絶縁体を持つ**平行板コンデンサ**にほかならず，トンネリングに伴うn個の電子の蓄積により$E_c = (ne)^2/2C_j$の帯電エネルギーを持つ。この帯電エネルギーが結果的に電子のトンネリングをブロックし，単一電子トンネリングが生じる。この現象が面白いのは，前述したようにトンネリングというきわめて量子力学的な波動性に起因した現象と，電子の素電荷という粒子的なパラメータが，ある意味ではマクロな観察結果として同時に顔を出す点にある。

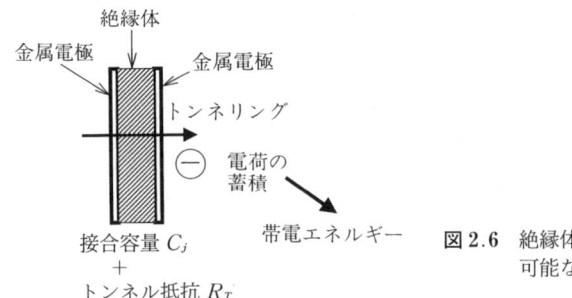

図2.6 絶縁体部をトンネリング可能な平行板コンデンサ

最近，マクロスコピックな系での量子力学的振動を初めて電気的に制御することに成功したとして，**量子コンピューティング**の観点から話題になっているNECのグループによる実験系は，ジョセフソン接合に挟まれたクーパー対箱での**単一クーパー対トンネリング**に基づくものである。後述するように原理的には常伝導金属で形成した二重接合系での単一電子トンネリングでよく知られている帯電効果を使っており，この現象も単一電子トンネリングの面白さを代弁するものであるかもしれない（マクロスコピック量子効果はほかにも磁性体での磁壁，有機物質の電荷密度波などで議論されている）。

単一電子トンネリングは，もちろんミクロな現象であり直接それとは関係はないが，ごく普通のマクロな測定で電気特性として直接観測にかかるという意味で，非常に興味深い。さらに，この単一電子トンネリングが生ずるための条

件のあちこちに，量子力学の基本定数であるプランク定数 h と，素電荷 e の組合せが顔をのぞかせ，この現象をさらに奥深く，興味深いものにしてくれる．

まずは，単一電子トンネリングの最も典型的な現象であるクーロンブロッケードの話から説明を始めることにしよう．

2.2 クーロンブロッケードの一般論

クーロンブロッケード（クーロン閉塞）は，単一電子トンネリングの典型的な現象例である．図 2.6 に示したトンネル接合に対応したエネルギーバンド図を**図 2.7** に示す．この接合容量を C_j とすると，接合に電圧を加えたことにより，電子 1 個がこの接合をトンネリングした場合，接合の両端には $\pm e$ の電荷が蓄積されることになり，接合は $E_c = e^2/2C_j$ の帯電エネルギーを持つ．この E_c は金属 2 への電子のトンネリングが完了した結果発生するエネルギーであるので，図 2.7 において金属 2 のフェルミ準位の終状態に反映される．つまりトンネル完了後，金属 1 の始状態のフェルミ準位に比べて金属 2 の終状態のフェルミ準位が E_c だけ高くなる．もちろんこの状態が保持され，意味を持つためには金属 2 中に，ある時間だけ電子は閉じ込められていなければならない．

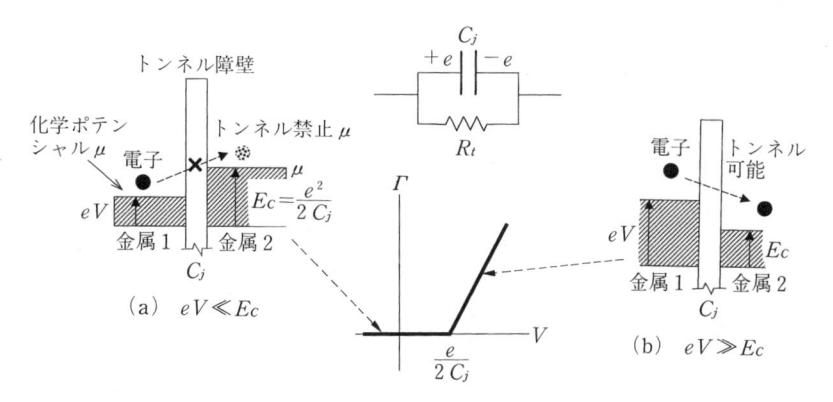

図 2.7 クーロンブロッケードのバンド図：帯電エネルギーの寄与

さて，ここで熱エネルギー kT（k はボルツマン定数，T は絶対温度）が E_c に比べきわめて小さく（$kT \ll E_c$），その影響が無視できるとしたとき，金属1から2への電子の輸送方法はトンネリングのみになる。ここで話を簡単にするために，トンネリングが**エネルギーの散逸**をまったく伴わない弾性的なものであると仮定する（つまり接合近辺のみをトンネリングの有効領域とする。これは**局所則**とも呼ばれる。この仮定は現実的には間違っていることは単一接合系の節で後述する）と，トンネリングに伴う系のエネルギー変化 ΔE は，金属1のフェルミ準位と金属2のフェルミ準位の終状態の差，つまり $\Delta E = E_c - eV$（V は印加電圧）により表されることになる。ここで重要になるのは，$\Delta E > 0$ なる現象，つまり現象が生じた結果，系のエネルギーが上昇するような自然現象は起き得ないことである（図2.7(a)の場合）。したがって $\Delta E < 0$ の条件を満たす場合のみ電子1個がトンネリングを完了し得る。これを満たす電圧 V の条件は $V > e/2C_j$ であり，図(b)に示すように印加電圧がこの条件を満たしたとき初めて系に電子が流れ，電流が生じる。電子1個の帯電エネルギーにより電子のトンネリングが離散的になるこの現象をクーロンブロッケード，この臨界電圧を**クーロンブロッケード電圧**と呼ぶ。

印加電圧がいったんクーロンブロッケード電圧を超えると，**単一トンネル接合**の場合はトンネル抵抗の逆数に比例した線形電流が流れる。これは接合が電圧源に直結されて電子がつぎつぎに送り込まれるからである。一方，**多重トンネル接合**の場合はその線形電流に階段状の成分が乗り，クーロン階段と呼ばれる現象が現れる。

さて，このクーロンブロッケードは電子の**トンネル確率**を簡単に見積もることでも以下のように理解可能である。図2.7に示した金属1のフェルミ準位以下のエネルギー準位を電子が占有している確率と，帯電エネルギー E_c による上昇分を含んだ金属2中のフェルミ準位より高いエネルギー準位における電子の空席の確率は，おのおの

$$f(E) = \frac{1}{1 + \exp\{(E - E_F)/kT\}} \tag{2.2}$$

2.2 クーロンブロッケードの一般論

$$1 - f(E + E_c) = 1 - \frac{1}{1 + \exp\{(E + E_c - E_F)/kT\}} \quad (2.3)$$

で与えられる。ここで帯電エネルギー E_c の寄与は一般的条件としてトンネル前に $Q = C_j V$ の電荷が接合に蓄積されていたとして次式のように算出している。

$$E_c = \frac{(C_j V)^2 - (C_j V - e)^2}{2C_j} = eV - \frac{e^2}{2C_j} \quad (2.4)$$

また，接合での電子のトンネル遷移確率，つまり透過確率 P は1章で計算したようにシュレディンガー方程式を解くことで求まるが，ここでは一定とみなし

$$P = \frac{1}{e^2 R_T} \quad (2.5)$$

とする。R_T は接合のトンネル抵抗である。このとき，電圧 V ，温度 T で電子が単位時間にトンネルする確率 Γ は次式で与えられる。

$$\Gamma(V, T) = \frac{1}{e^2 R_T} \int_{-\infty}^{\infty} f(E)\{1 - f(E + E_c)\} dE$$

$$= \frac{e(V - e/2C_j)}{e^2 R_T} \frac{1}{1 - \exp\{(-1/kT)e(V - e/2C_j)\}}$$

$$(2.6)$$

ここで，T を 0 に限りなく近づけると式(2.6)の右辺後者の分数値は

$$V - e/2C_j > 0 \text{ のとき } 1, \quad V - e/2C_j < 0 \text{ のとき } 0$$

になることがわかる。これは $V - e/2C_j$ をパラメータとした**階段関数** θ であるので，式(2.6)は

$$\Gamma(V, 0) = \frac{V - e/2C_j}{eR_T} \theta(V - e/2C_j) \quad (2.7)$$

と表される。これを Γ と V の相関図にすると図2.7のようになり，$V - e/2C_j$ 以下の電圧ではつねに Γ は 0，$V - e/2C_j$ 以上の電圧では $1/eR_T$ を傾きとして，印加電圧 V に比例して Γ が増加することがわかる。ここで Γ に e を乗じたものが電流であるから，この図はトンネル抵抗の逆数を傾きとする電流-電圧特性に置き換えられ，まさに前述したクーロンブロッケードが現れ

2.3 クーロンブロッケードの必要条件

さて，このクーロンブロッケードが生じるためには，系がいくつかの必要条件を満たさなければならない。それは主としてつぎの3条件である。

$$\left.\begin{array}{ll} ① & kT \ll E_c \\ ② & R_T \gg h/e^2 = R_Q \\ ③ & \mathrm{Re}(Z_t(\omega)) \gg R_Q \end{array}\right\} \tag{2.8}$$

①は，前節で述べたように，トンネル過程のみが系の電子輸送を支配するためには，少なくとも**熱エネルギー** kT（k はボルツマン定数，T は絶対温度）が帯電エネルギーに比べて無視できなければならないという理由から必要となる。

②は，まさにトンネリングが量子力学に基づいた現象であるからこそ必要とされるきわめて意義深い条件である。ここで R_Q は**抵抗量子**と呼ばれ，プランク定数 h と電子の素電荷 e の組合せからなる約 $25.8\,\mathrm{k\Omega}$ の抵抗であり，構造によらずこの定数よりもトンネル抵抗が高くないとクーロンブロッケードが発生しないというきわめて不思議な話の源になっている。しかし，実際にいくつかの実験ですでにこれは確認されている。このような h と e の組合せで決まる定数は，メゾスコピックの世界では深い物理的意味を持ちしばしば登場する。

③は，基本的には単一トンネル接合のみに固有の必要条件であり，奥深い物理的意味を持つ。ここで $\mathrm{Re}(Z_t(\omega))$ は接合を含む回路合計の外部電磁場環境インピーダンスの実部である。この条件は，後述する**位相相関理論**で代表され，トンネリング電子が接合の外部電磁場環境にそのエネルギーを放出した結果，トンネリングが抑制されるのがクーロンブロッケードであるという解釈，また，外部電磁場環境のゆらぎから接合表面の電荷を絶縁することが単一接合系のクーロンブロッケードのポイントであるという解釈のために，必要とされる。この議論は本書の中心テーマの一つであり，2.4節で詳細に説明する。

では，おのおのの条件について説明を始めよう．

2.3.1 熱エネルギーとクーロンブロッケード

まず①の必要条件から説明する．図 2.8 において電子が金属 1 から金属 2 に移動する手段はおもに 2 とおりある．一つはトンネリングであり，他方は電子が熱エネルギー kT を得て絶縁体のポテンシャル障壁を飛び越していく手段である．後者が支配的になれば，もちろんトンネリング自体を議論する意味が小さくなる（例えば，クーロンブロッケード電圧内でも電流が容易に流れてしまう）ので，これはあらゆるトンネル接合における必要条件である．また，この条件は単一電子トンネリングがどのくらいの高温まで存在できるかを決める一つの重要な指標でもある．できるだけ高温まで単一電子トンネリングが存在するためには大きい E_c が必要であり，ここに接合面積が微小であるということが重要な要素として顔を出す．

つまり，帯電エネルギーが $E_c = e^2/2C_j$ で与えられる以上，この必要条件を高温まで満たすには C_j はできるだけ小さいほうが有利である．より小さい C_j を実現するにあたって，例えば図 2.6 のような平行板コンデンサを例にと

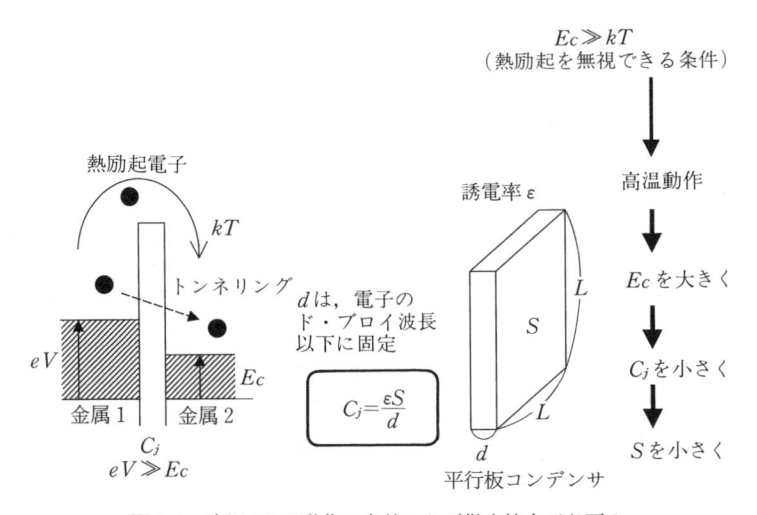

図 2.8　高温 SET 動作の条件：なぜ微小接合が必要？

ると，$C_j = \varepsilon S/d$（S は接合面積，d は接合厚さ，ε は接合部の誘電率）で与えられることから，S は小さく，d は大きいほうが得である。ところが，トンネリングが高い確率で生じるには，d は電子のド・ブロイ波長程度の薄さであることが必要とされる（トンネル確率は $\exp(1/d)$ に比例する）ので，d はそれ以上大きくはできない。したがって，接合面積 S を小さくすることが C_j を小さくする唯一の有効手段となるわけである。

では，どのくらい微小な S が必要か，接合が平行板コンデンサで近似できる場合に簡単に見積もってみよう。例えば $T = 1\,\text{K}$ のとき

$$kT = 0.087\,meV \approx 0.1\,meV \ll E_c = \frac{e^2}{2C_j}$$

が必要である。

$$C_j = \frac{\varepsilon S}{d},\ \varepsilon = 10^{-9},\ d = 10\,\text{nm}\,(= 1 \times 10^{-8}\,\text{m})$$

とすると，$C_j = e^2/2kT$ となる S は

$$S = \frac{d}{\varepsilon}\frac{e}{0.2 \times 10^{-3}} \approx 1 \times 10^{-14}\ \text{m}^2$$

となる。したがって，接合面が正方形であれば，$kT = E_c$ を満たすのは，一辺の長さ L が

$$L = 10^{-7}\,\text{m} = 0.1\,\mu\text{m}$$

であり，$kT \ll E_c = e^2/2C_j$ を満たすには，これより小さい L が必要となる。

これに対して，室温動作のときは，$T = 300\,\text{K}$ より

$$kT = 26\,meV \ll E_c = \frac{e^2}{2C_j}$$

を満たすには

$$S = 0.3 \times 10^{-16}\,\text{m}^2$$

となり，$L = 10^{-8}\,\text{m} = 10\,\text{nm}$ よりかなり小さい，数 nm の L が必要となることがわかる。

つまり，極低温でクーロンブロッケード（単一電子トンネリング）を観察するには一辺が 1 μm 程度の面積を持つ接合でよいが，室温で観察するには一辺

が数 nm というまさに原子・分子サイズの面積を持つ接合を作製しなければならないのである。クーロンブロッケードそのものは**金属微粒子アレー**を使った実験により，1960 年代という古い時期から観察されていたわけで，当時の実験が主として極低温で行われていたのは，実験で使われる微粒子の容量がそれほど小さくできなかったことが一つの原因になっていたといえる。これに対して，近年の半導体微細加工技術が，室温でさえ単一電子トンネリングの観察が可能な，この一辺が数 nm の接合を制御よく作製することを可能にしたため，単一電子トンネリングの研究が爆発的に盛んになったわけである。

2.3.2 トンネル抵抗とクーロンブロッケード

前節で計算したようにトンネル接合の透過確率は接合の厚さに指数関数的に反比例するので，より薄い接合を作るほどトンネルは高い確率で発生するはずである。では薄ければ薄いほどよいのか？というと，そうではない。薄すぎると困るのである。つまり，クーロンブロッケードが観察されるには，トンネル抵抗は少なくとも条件②（$R_T \gg h/e^2 = R_Q$）を満たす程度の大きさを持たなくてはならないという不思議な話がここで登場する。この条件は 1 章で述べた量子力学の重要な基本概念の一つである"トンネリングに伴うエネルギーと時間の**不確定性**"から生じる。これは荒っぽくは以下のように理解できる。

図 2.3 に示したように，トンネル接合はトンネル抵抗 R_T と接合容量 C_j からなる一種の RC 回路モデルで表される。この回路の充放電に伴う時定数 τ は $R_T C_j$ で表される。これは物理的には"前方トンネリングにより充電されたキャパシタからの放電により電子が後方トンネリングする時間"に相当し得るので，トンネル過程に伴って励起される系のエネルギー寿命 ΔE との間に

$$\Delta E \cdot 2\tau \approx h \tag{2.9}$$

程度の不確定性が生じる。このときもし ΔE が帯電エネルギー E_c に比べて大きければ，不確定性のために電子はトンネル接合のどちら側にも存在できることになり，単一電子トンネリングという現象自体を議論することができない。したがって

$$\Delta E < E_c \tag{2.10}$$

が必要条件になる．これより

$$\Delta E \approx h\frac{1}{2\tau} = h\frac{1}{2R_T C_j} < E_c = \frac{e^2}{2C_j} \tag{2.11}$$

$$R_T > \frac{h}{e^2} \tag{2.12}$$

となり条件②が求まる．この抵抗量子 $h/e^2 = R_Q$ は約 $25.8\,\mathrm{k\Omega}$ という，どこにでもある抵抗であり，かつ単なるプランク定数と電子の素電荷の組合せである．しかし，実際にトンネル抵抗がこの値より小さくなるにつれ，クーロンブロッケードが消えていくという，実験結果は後述するようにいくつも報告されている．不思議な話であるが，単一電子トンネリングの観察においてこの関係が必要であることは事実である．もちろん，ここで行った等価回路モデルによる説明はかなりおおざっぱなものであり，詳細な理論による説明・理解が必要であるが，この抵抗量子に関する荒いイメージを簡単に描くには十分であろう．

　また，ここで述べたトンネリングに伴うエネルギーと時間の不確定性とは具体的にはなになのか？という疑問が残るかもしれない．例えば，トンネリングをトンネル接合のみで起きる弾性的な現象と捕らえる（**局所則**）と，エネルギーはトンネル障壁高さ，時間はトンネリング時間に決まってしまい，不確定性の意味はわかりづらい．2.4 節の単一接合系や 2.6 節の SET 振動で後述するが，"トンネリングはこのような局所的な現象ではなく，電極まで含めた系全体で起きる非弾性的現象である（**大域則**）"．そこでトンネリングにおいて励起される系のエネルギー寿命とは，トンネル接合の充放電エネルギー，トンネリング電子が電極中に放出する緩和なエネルギーなどを含む全エネルギーのゆらぎであり，時間はおのおのの過程に要する時間のゆらぎである．ここに，不確定性の存在する可能性が生じる．

2.4 接合の外部電磁場環境とクーロンブロッケード：単一接合系

さて，三つめの条件③であるが，これは特に**単一トンネル接合**の場合においてきわめて重要となる興味深い必要条件であり（もちろん多重接合系でもこの影響は存在するが），本書での中心テーマの一つとして本節で取りあげたい。前述したように，トンネリングに伴う帯電効果が顔を出すためには，電子がトンネル後に接合近辺にある時間閉じ込められなければならない。多重接合においてはアイランド部に電子は閉じ込められるが，単一接合の場合，電子はトンネリング後に電源に直接流入してしまう。図2.9に示したように，この観点だけからでも単純に考えて，少なくとも以下の理由で単一接合系ではクーロンブロッケードは生じないように思える。

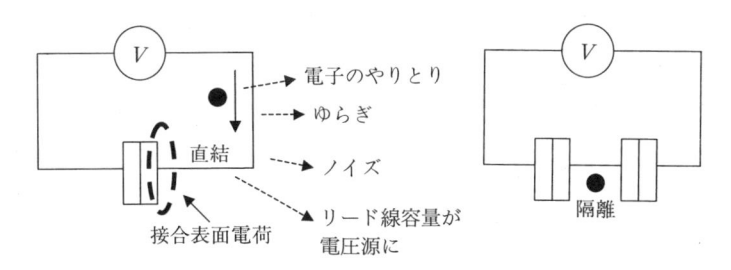

（a）単一接合系　　　　　　　（b）多重（二重）接合系

図2.9　単一接合系と多重接合系：単一トンネル接合でもSETは起きる？

① 接合の表面電荷が直接外部電磁場環境のゆらぎの影響を受ける。
② 接合と電源を接続するリード線の浮遊容量に蓄積した電子が定電圧源として働く。
③ 電流源から電子がつぎつぎに流入してくるので帯電効果が意味をなさない。

しかしながら，電源と接合間のリード線のインピーダンス，また**外部電磁場環境**のインピーダンスの設定条件しだいでは単一接合系でも単一電子トンネリングが起こり得ることは，後述するように実験的に証明されている。

これに関する理論は，**位相相関理論**（phase correlation theory）と呼ばれ，単一電子トンネリングの領域の中でもある意味では特殊な分野に入るかもしれない[2]~[6]。しかし，トンネリングを"接合部＋外部電磁場環境"の系全部で起きる**非局所的現象**とし，トンネリング電子は外部電磁場環境とどのようなやり取りをするのかを説明した，もっと積極的には，例えばトンネリングは外部環境まで含めた非弾性的な現象であり，トンネリングしている電子が外部電磁場環境にそのエネルギーを放出することでエネルギーを損失し，トンネリングが抑制された結果生まれるのがクーロンブロッケードである，ということなどを主張したきわめて興味深いものである。また実験的にもこの理論とある意味で整合性のあるいくつかの結果が報告されている[9]~[14]。

いずれにしても単一接合系での単一電子トンネリングの議論は接合部のみではなく，そこから離れた外部電磁場環境をすべて含んだ系で注意深く行わなければならないというのはたいへん面白い点である。古典力学の抵抗では電子が通過する場所と摩擦・発熱などで**エネルギー散逸**が起きる場所は基本的には同じであり，運動方程式はこの影響も含めて構成される。これに対して，トンネリングでは電子が通過する接合部と実際にエネルギー散逸が起きる場所が異なる。この場合，前述したように接合部とその外部電磁場環境という形でエネルギーの散逸が表される。では接合部から系のどこまでをトンネリングに関与した外部領域とすればよいのか？，もしトンネリングがマクロなレベルまで拡張された場合，古典論とのクロスオーバはどこで起きるのか？など，多くの興味深い課題をこの問題は含んでいる（実際にここで用いられるCaldeiraとLeggettの精神はマクロな量子トンネリングに端を発するものである[7],[8]）。まず，この位相相関理論の概要を文献2)に基づいて説明することにする。したがって，詳細な計算などが省略されている箇所については，文献2)を参照されたい。

2.4.1 位相相関理論の一般論

〔1〕 LC 回路に置換された外部電磁場環境のハミルトニアンの導出

位相相関理論の名のとおり，まず**トンネリング電子の位相**の定義から説明する。量子力学的電子波の位相として定義できる典型的な例は，ジョセフソン接合での接合間位相差であり，次式で与えられる。

$$\dot{\varphi}(t) = \frac{2e}{\hbar} V(t) \tag{2.13}$$

もちろん，常伝導金属で形成されたトンネル接合を通過する電子波の位相は，これとまったく同様には定義できない（例えば印加電圧 0 で位相差は生じない）が，基本的には類似していると仮定してその位相を定義すると

$$\varphi(t) = \frac{e}{\hbar} \int_{-\infty}^{t} dt V(t) \tag{2.14}$$

となる[45]。ここで $V(t) = Q/C$ は，表面電荷 Q，容量 C を持つ接合に印加された電圧である。この式(2.14)は，トンネリング電子の位相の時間依存性を定義する重要な式である（ただし正確な導出は，電子の持つ素電荷に対するゲージ不変性に基づき，トンネリング電子波の確率振幅がベクトルポテンシャルにより位相変調を受けることから出発しなければならないが）。

さて，この位相に基づいて，**図 2.10** に示すように，電圧駆動された **LC 回路**のラグランジュアンを想定するとき，それは次式のように表される。

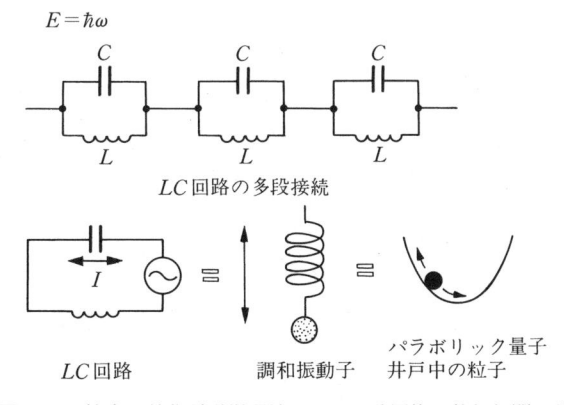

図 2.10 接合の外部電磁場環境の LC 回路置換：位相相関理論

$$\xi = \frac{C}{2}\left(\frac{\hbar}{e}\dot{\varphi}\right)^2 - \frac{1}{2L}\left(\frac{\hbar}{e}\right)^2\left(\varphi - \frac{e}{\hbar}Vt\right)^2 \tag{2.15}$$

第1項は接合容量 C による帯電エネルギー（$CV^2/2$）で，第2項はインダクタ L に関する磁場エネルギーを意味し，インダクタを通る磁束がインダクタを横切る位相差により最大 $\hbar/e$ まで与えられることから求まる。つまり接合とインダクタの位相差が，式(2.14)に従って電源電圧によってなされた最大の位相差 $(e/\hbar)V(t)$ まで足しあわされなければならないことを意味する。また，この位相と接合表面の帯電電荷 Q には

$$[\varphi, Q] = ie \tag{2.16}$$

の**交換関係**が成り立ち，不確定性が存在する。

さて，式(2.15)よりハミルトニアンは

$$H = \frac{Q^2}{2C} + \frac{1}{2L}\left(\frac{\hbar}{e}\right)^2\left(\varphi - \frac{e}{\hbar}Vt\right)^2 \tag{2.17}$$

となる。この式から位相 φ の時間発展が外部電圧により決定された平均値のまわりの**位相ゆらぎ**として

$$\tilde{\varphi}(t) = \varphi(t) - \frac{e}{\hbar}Vt \tag{2.18}$$

で定義できることがわかる。また同様の意味で電荷ゆらぎは

$$\tilde{Q}(t) = Q - CV \tag{2.19}$$

で定義される。これらのゆらぎに関しても交換関係

$$[\tilde{\varphi}, \tilde{Q}] = ie \tag{2.20}$$

が成り立つ。

さて，式(2.17)で得られたハミルトニアンは，**エネルギー散逸**に関して特に定義していないが，一方，実際の**外部環境インピーダンス**は必ずなんらかのエネルギー散逸を伴う。ここで LC 回路を想定した意味が生きてくる。つまり，"φ と結合したゆらぎを含む LC 回路の n 個の多段直列接続で接合の外部電磁場環境を置き換えること"により，このエネルギー散逸を導入するのである。

図2.10のように，LC 回路での電流の時間依存性が機械的な系としての調和振動子（ばねにつるされた重りの位置の時間依存性）に置き換えられるのは

2.4 接合の外部電磁場環境とクーロンブロッケード：単一接合系

よく知られている話で，各パラメータは例えば**表2.1**のように対応する．交流電源により LC 回路を駆動することで，L での電荷伝達遅延と C での電荷充放電は電流の時間に対する振動を生み出す．これがまさにばねにつるした重りの単振動に対応するわけである．

表2.1 電気量と機械量の等価性

電気量	機械量
電荷 Q	運動量 p
電圧 $U = \dfrac{Q}{C}$	速度 $v = \dfrac{p}{m}$
容量 C	質量 m
位相 φ	位置 x
交換関係 $[\varphi, Q] = ie$	交換関係 $[x, p] = i\left(\dfrac{h}{2\pi}\right)$
インダクタンス L	ばね定数 k
LC 回路	調和振動子

また，例えば粘性 η を持つ液体中の**調和振動子**，**LCR 回路**おのおのの運動方程式は

$$m\frac{d^2x}{dt^2} + k\frac{dx}{dt} + \eta = F_0 \cos \omega t \tag{2.21}$$

$$L\frac{d^2I}{dt^2} + R\frac{dI}{dt} + \frac{1}{C} = E_0 \omega \cos \omega t \tag{2.22}$$

のようにまったく同じ形式で表される．ここで，式(2.21)の m，k，$x(t)$ はおのおの重りの質量，ばね定数，重りの位置の時間依存関数であり，式(2.22)の L，R，C，$I(t)$ はおのおのインダクタンス，抵抗，静電容量，電流の時間依存関数である．また，おのおのの式の右辺は強制力，交流電源の一階時間微分を表す．これらより各パラメータが等価であることがわかる．

したがって，これらの系は，量子力学的には調和振動子型のパラボリックな量子井戸ポテンシャルに閉じ込められた粒子の運動に等価であり，その量子化エネルギー状態は $E_n = (n + 1/2)\hbar\omega$ であるので，結局 1 個の LC 回路により $\hbar\omega$ を単位としたエネルギー散逸を導入できることになる．

結局そのハミルトニアンは

$$H_{\text{env}} = \frac{\tilde{Q}^2}{2C} + \sum_{n=1}^{N}\left\{\frac{q_n^2}{2C_n} + \left(\frac{\hbar}{e}\right)^2\frac{1}{2L_n}(\tilde{\varphi} - \varphi_n)^2\right\} \quad (2.23)$$

で与えられ，接合外部環境のハミルトニアンとして定義される。第1項は接合表面の電荷ゆらぎに基づく接合の帯電エネルギーであり，第2項以降は式(2.17)に基づく n 組の LC 回路（共振周波数 $\omega_n = (L_nC_n)^{-1/2}$ を持つ）を直列に足しあわせてできる外部電磁場環境のエネルギーを意味する。ここで系における十分なエネルギーの散逸が起きるためには，この n がかなり大きくなくてはならないことは容易に予想される。結局，トンネリング電子の位相 φ がこの複数の LC 回路の共振モードを励起することで系はエネルギーを発散する。この考え方は，古くは量子光学で用いられていたし，また近年ではCaldeira と Leggett により**マクロな量子トンネリング**（macroscopic quantum tunneling：MQT）を抑制する外部環境でのエネルギー散逸として定義されている[7),8)]。

ここで，演算子 $\tilde{Q}$, $\tilde{\varphi}$, q_n, φ_n の動きについてのハイゼンベルク方程式から

$$\dot{\tilde{Q}}(t) + \frac{1}{C}\int_0^t ds\, Y(t-s)\tilde{Q}(s) = I_N(t) \quad (2.24)$$

が求まる。ただし

$$Y(t) = \sum_{n=1}^{N}\frac{1}{L_n}\cos\omega_n t \quad (2.25)$$

であり，L，C モデルの選択で決まる任意関数で，一般的には連続した LC 回路（調和振動子）の和で置き換えられる。この $Y(t)$ の周波数ドメインへのフーリエ変換がアドミタンス $Y(\omega) = 1/Z(\omega)$ である。また，$I_N(t)$ は量子力学的なノイズ電流で $t = 0$ の初期状態に依存する。式(2.24)は，左辺のラプラス変換を通じて合計インピーダンス

$$Z_t(\omega) = \frac{1}{i\omega C + Z^{-1}(\omega)} \quad (2.26)$$

に従った接合電荷の古典的な緩和を意味する式に帰着するので，結局，式(2.23)が接合の外部電磁場環境と接合電荷を量子力学的に結合させて取り扱う

2.4 接合の外部電磁場環境とクーロンブロッケード：単一接合系

ことを可能にすることが確認できる。

〔2〕 外部電磁場環境を考慮したトンネル確率：位相相関関数の導入

さて，ここまでの議論では接合を単なるキャパシタとしてしか扱っていなかった。ここで初めてトンネリング要素を接合に導入する。まず，接合の左右の電極中でおのおのの波数ベクトル k, q, エネルギー E_k, E_q, スピン σ を持った準粒子の合計のハミルトニアンは

$$H_{qp} = \sum_{k\sigma} E_k c_{k\sigma}^+ c_{k\sigma} + \sum_{q\sigma} E_q c_{q\sigma}^+ c_{q\sigma} \tag{2.27}$$

で与えられる。また，接合自身のトンネリングハミルトニアンは

$$H_T = \sum_{kq\sigma} T_{kq} c_{q\sigma}^+ c_{k\sigma} e^{-i\varphi} + \text{h.c.} \tag{2.28}$$

で与えられ，トンネル遷移確率 T_{kq} を介して，左電極中の波数ベクトル k を持つ準粒子が消滅し，右電極中に波数ベクトル q を持つ準粒子が生成されることを意味する。ここで $e^{-i\varphi}$ は交換関係から生じる $e^{i\varphi}Qe^{-i\varphi} = Q - e$ により，接合電荷 Q を $Q - e$ に置き換える（つまり1個の電子のトンネリングを発生させる）演算子としての働きを持っている。また c_q^+, c_k は準粒子を代表するものであるが，実際に電子1個ずつの生成・消滅に関する昇降演算子に関係する。

これら準粒子状態数が多数存在するとき，その演算子は位相，電荷演算子と交換関係を持つことが推測される。このあとの議論もその仮定のもとで行われる。

さて，前述した $e^{i\varphi}Qe^{-i\varphi} = Q - e$ の観点と同様の意味で（つまり準粒子のエネルギーを左電極に移す），式(2.27)，(2.28)をおのおの次式により時間依存したユニタリ変換を行う。

$$U = \prod_{kq} \exp\left(i\frac{eV}{\hbar} t \sum_{k\sigma} c_{k\sigma}^+ c_{k\sigma}\right) \tag{2.29}$$

これにより新たなハミルトニアンは

$$\tilde{H}_{qp} = U^+ H_{qp} U - i\hbar U^+ \frac{\partial}{\partial t} U$$

$$= \sum_{k\sigma}(E_k + eV)c_{k\sigma}^+ c_{k\sigma} + \sum_{q\sigma} E_q\, c_{q\sigma}^+ c_{q\sigma} \tag{2.30}$$

$$\tilde{H}_T = U^+ H_T U = \sum_{kq\sigma} T_{kq}\, c_{q\sigma}^+ c_{k\sigma}\, e^{-i\tilde{\varphi}} + \text{H.c.} \tag{2.31}$$

で与えられる。式(2.31)は式(2.28)と比べることにより，環境の位相ゆらぎがなければ演算子 $e^{-i\tilde{\varphi}}$ はトンネリング過程になんら影響を及ぼさないことを意味する。また，式(2.30)は両電極のエネルギーが eV シフトすることを意味する。結局，系の最終的なハミルトニアンは

$$H = \tilde{H}_{qp} + H_{\text{env}} + \tilde{H}_T \tag{2.32}$$

で与えられることになる。第1項は接合両端の電極（電子溜め）内の準粒子のハミルトニアン，第2項は LC 回路の多段接続で置き換えられた外部電磁場環境のハミルトニアン，第3項はそれらをカップリングするトンネルハミルトニアンである。

さて，これらのハミルトニアンを持ちながら初期状態 $|i\rangle$ から終状態 $\langle f|$ への遷移確率を表す**フェルミの黄金則**

$$\Gamma_{i \to f} = \frac{2\pi}{\hbar} |\langle f|\tilde{H}_T|i\rangle|^2 \delta(E_i - E_f) \tag{2.33}$$

に従い，電極間のトンネル確率の電圧依存性，つまり電流-電圧特性が算出される。

ここで，トンネル抵抗は抵抗量子より十分大きいこと（つまり接合両部の電極の状態の重なりが小さく，$\tilde{H}_{qp}$ が準粒子を表すこと），トンネリング前に系が電荷平衡状態にあることが仮定される。トンネルハミルトニアンを摂動として取り扱いながら，いくつかの計算を経たのち[2]，トンネル確率は

$$\begin{aligned}
\vec{\Gamma}(V) = \frac{1}{e^2 R_T} &\int_{-\infty}^{+\infty} dE_k dE_q \int_{-\infty}^{+\infty} \frac{dt}{2\pi\hbar} \\
&\times \exp\left\{\frac{i}{\hbar}(E_k - E_q + eV)t\right\} f(E_k)\{1 - f(E_q)\} \\
&\times \sum_{R_k, R_q} P_\beta(R_k)\langle R_k|e^{i\tilde{\varphi}(t)}|R_q\rangle\langle R_q|e^{-i\tilde{\varphi}(0)}|R_k\rangle
\end{aligned} \tag{2.34}$$

で与えられる。

ここで，積分の外の $1/e^2 R_T$ はトンネル遷移確率を，指数関数部を含む積分

2.4 接合の外部電磁場環境とクーロンブロッケード：単一接合系

の最初の項は，印加電圧 eV を含む接合の両電極の化学ポテンシャルが整合した場合に無限大の値を持つデルタ関数 $\delta(E_k - E_q + eV)$ のフーリエ変換を，フェルミ準位に関する積分項はトンネル前の k 電極の E_k を電子が占有している確率とトンネル後の q 電極の E_q より上のエネルギー準位の空席の確率を乗じたもので，おのおの**パウリの排他則**を意味し，最も重要な 3 行目の和の項は接合両端の電極の状態を意味する．特に，P_β は k 電極の状態を見つけ出す確率で，式(2.23)の接合外部電磁場環境のハミルトニアン H_{env} から求まり，式(2.24)からわかるように，これがトンネリング電子の**位相ゆらぎ**，および接合の両電極の状態と結合し，外部電磁場環境を表す．

さて，この電極の状態に関する項はつぎの平衡の相関関数で置換されるが

$$\sum_{R_k} P_\beta(R_k)\langle R_k | e^{i\tilde{\varphi}(t)} e^{-i\tilde{\varphi}(0)} | R_k \rangle = \langle e^{i\tilde{\varphi}(t)} e^{-i\tilde{\varphi}(0)} \rangle = e^{\langle [\tilde{\varphi}(t) - \tilde{\varphi}(0)]\tilde{\varphi}(0) \rangle} \tag{2.35}$$

この関数を

$$J(t) = \langle [\tilde{\varphi}(t) - \tilde{\varphi}(0)]\tilde{\varphi}(0) \rangle \tag{2.36}$$

として，ここで初めて**位相相関関数**として導入する．これはまさに"外部電磁場環境における位相ゆらぎの時間発展"を意味する式で，位相相関理論で最大のポイントとなるものである．また，そのフーリエ変換として

$$P(E) = \frac{1}{2\pi\hbar} \int_{-\infty}^{+\infty} dt \exp\left\{ J(t) + \frac{i}{\hbar} Et \right\} \tag{2.37}$$

が求まる．これらを使って，結局トンネル確率は

$$\vec{\Gamma}(V) = \frac{1}{e^2 R_t} \int_{-\infty}^{+\infty} dE_q dE_k \, f(E_k)\{1 - f(E_q + eV)\} P(E_k - E_q) \tag{2.38}$$

で与えられることになる．この式は $P(E)$ がなければ一般論でも説明したようなフェルミの黄金則に従ったごく普通のトンネル確率の式であるが，LC 回路で置換した外部電磁場環境のハミルトニアンを P_β を用いて導入したことにより，それが電極中の位相ゆらぎとカップリングして生まれる**位相の時間発展** $J(t)$ に起因した項 $P(E)$ を含んでしまう．

さて，ではこの $P(E)$ をどう解釈すべきであろうか？　式(2.38)の性質からは単純には，この $P(E)$ もエネルギーに関したなんらかの確率として解釈できそうなことがわかるが，位相相関理論では，$P(E)$ を"**トンネリング電子の位相ゆらぎが外部電磁場環境としての LC 回路のゆらぎを励起した結果，外部電磁場環境にそのエネルギーを放出する確率**"として解釈する。

〔3〕　**外部インピーダンスと位相相関関数**

さて，ここまででようやく外部電磁場環境の影響を考慮したトンネル確率が求まったわけであるが，つぎに外部インピーダンス $Z(\omega)$ と位相ゆらぎの時間発展 $J(t)$ の相関を説明する。式(2.24)から位相に関する運動方程式

$$C\tilde{\varphi}'' + \int_0^t ds\, Y(t-s)\tilde{\varphi}'(s) = \frac{e}{\hbar} I_N(t) \tag{2.39}$$

が得られる。この式は，機械的な意味では**自由ブラウン粒子**の運動方程式に対応する。前述したように，この式中の $Y(t)$ のフーリエ変換であるアドミタンス $Y(\omega) = 1/Z(\omega)$ は，平衡状態への電荷の緩和に寄与する。平均電荷の緩和は Ehrenfest の定理に基づけば，動的なサセピタビリティに依存し，次式で与えられる。

$$\chi(\omega) = \chi'(\omega) - i\chi''(\omega) = \left(\frac{e}{\hbar}\right)^2 \frac{Z_t(\omega)}{i\omega} \tag{2.40}$$

ここでゆらぎ・散逸理論に基づくと，この式の虚数部に関連して

$$\tilde{C}(\omega) = \frac{2\hbar}{1-e^{-\beta\hbar\omega}} \chi''(\omega) \tag{2.41}$$

が定義される。また，この式は式(2.36)で導入した位相相関関数と

$$\tilde{C}(\omega) = \int_{-\infty}^{+\infty} dt\, e^{-\omega t} \langle \tilde{\varphi}(0)\tilde{\varphi}(t) \rangle \tag{2.42}$$

の関係にあるので

$$\langle \tilde{\varphi}(0)\tilde{\varphi}(t) \rangle = 2\int_{\infty}^{\infty} \frac{d\omega}{\omega} \frac{\mathrm{Re}Z_t(\omega)}{R_Q} \frac{e^{-i\omega t}}{1-e^{-\beta\hbar\omega}} \tag{2.43}$$

が成り立つ。これより式(2.36)の位相相関関数は

2.4 接合の外部電磁場環境とクーロンブロッケード：単一接合系

$$J(t) = 2\int_0^\infty \frac{d\omega}{\omega} \frac{\text{Re}\{Z_t(\omega)\}}{R_Q} \times \left\{\coth\left(\frac{\beta\hbar\omega}{2}\right)\cos(\omega t - 1) - i\sin\omega t\right\} \quad (2.44)$$

と表される。これが最終的に接合の**外部電磁場環境のインピーダンス**と**位相の時間発展**を結びつける重要な方程式であり，特に，"抵抗量子 R_Q とインピーダンス実部 $\text{Re}\{Z_t(\omega)\}$ の比"が導入されている点は，きわめて重要であり，後述するように，この比の大小でクーロンブロッケードが出現するか否かが決まる。

〔4〕 高電圧領域でのクーロンブロッケードの導出

一つの接合を流れる合計のトンネル電流は，前方トンネル確率と後方トンネル確率の差に電荷 e をかけることにより，次式で与えられる。

$$I = e\{\vec{\Gamma}(V) - \overleftarrow{\Gamma}(V)\} \quad (2.45)$$

一方，前方トンネリング確率は式(2.38)よりフェルミ関数の部分を計算して

$$\vec{\Gamma}(V) = \frac{1}{e^2 R_t}\int_{-\infty}^{+\infty} dE \frac{E}{1-\exp(-\beta E)} P(eV - E) \quad (2.46)$$

となおせる。後方トンネリング確率は

$$\overleftarrow{\Gamma}(V) = \vec{\Gamma}(-V) \quad (2.47)$$

で与えられるので，合計のトンネル電流は

$$I(V)\frac{1}{eR_t}\{1-\exp(\beta eV)\}\int_{-\infty}^{+\infty} dE \frac{E}{1-\exp(-\beta E)} P(eV - E) \quad (2.48)$$

となる。ここで絶対零度で，かつ電圧が十分に大きい場合を考えると，負のエネルギーでの $P(E)$ が無視できるので

$$I(V) = \frac{1}{eR_t}\int_0^{eV} dE(eV - E)P(E) \quad (2.49)$$

が得られる。これは例えば電流の電圧による2回微分が

$$\frac{d^2 I}{dV^2} = \frac{e}{R_t} P(eV) \quad (2.50)$$

で与えられ，$P(eV)$ が直接コンダクタンスの変化量，したがってクーロンブ

ロッケード形状に反映することを意味する。

電圧エネルギーが，$P(E)$が支配的になるエネルギー範囲や熱エネルギーより十分大きい領域では，式(2.49)は

$$I(V) = \frac{1}{eR_t}\int_{-\infty}^{+\infty} dE(eV - E)P(E) \tag{2.51}$$

になる。これは

$$I(V) = \frac{V - e/2C}{R_t} \tag{2.52}$$

に帰着し，高電圧領域では，$e/2C$をオフセットとし，$1/R_t$を傾きとした電流-電圧特性が得られることがわかり，クーロンブロッケードらしいものが現れることがわかる。実験の2.4.3項で後述するが，Geerligsらは，クーロンブロッケードは実際に高電圧領域でのみ明確になることを報告している。

〔5〕 **クーロンブロッケード有無の外部環境インピーダンスへの依存性**

さて，ここで式(2.44)の外部インピーダンスのトンネル電流への影響をもう少し具体的に考えよう。極端な例として，まず低インピーダンス，つまり$Z_t(\omega) = 0$を考えると，もちろん$J(t) = 0$となるので，$P(E) = \delta(E)$が得られる。エネルギー零でのみ放出確率を持つわけであるから，これは結局エネルギーの放出が起き得ないことを意味する。このとき例えば式(2.46)から前方のトンネル確率は

$$\vec{\Gamma}(V) = \frac{1}{e^2R_t}\frac{eV}{1 - \exp(-\beta eV)} \tag{2.53}$$

となり，絶対零度ではトンネル電流は$1/e^2R_t$を傾きとした$V = 0$を通る直線になり，やはりクーロンブロッケードは現れないことが確認できる。

つぎに，逆に抵抗量子よりかなり大きい高インピーダンスの場合を考えよう。この場合は$\omega = 0$付近に鋭いピークを持つ環境モードのスペクトル密度で表されるので，外部インピーダンス$Z(\omega)$を周波数に依存しない$Z(\omega) = R$のオーミック抵抗として調べることができる。このとき合計外部インピーダンスの実部は$\text{Re}\{Z_t(\omega)\} = R/\{1 + (\omega RC)^2\}$となる。$R$がきわめて大きいとき，これは$(\pi/C)\delta(\omega)$に帰着し，位相相関関数は

2.4 接合の外部電磁場環境とクーロンブロッケード：単一接合系

$$J(t) = -\frac{\pi}{CR_Q}\left(it + \frac{t^2}{\hbar\beta}\right) \tag{2.54}$$

となり，そのフーリエ変換は

$$P(E) = \frac{1}{\sqrt{4\pi E_c kT}}\exp\left\{-\frac{(E-E_c)^2}{4E_c kT}\right\} \tag{2.55}$$

で与えられる．これは $kT \ll E_c$ の低温のとき

$$P(E) = \delta(E - E_c) \tag{2.56}$$

となる．つまりこの場合 $E = E_c$ で**エネルギー放出確率**を持つことになり，トンネリング電子は，その帯電エネルギー E_c を外部電磁場環境に放出することがわかる．式(2.48)より絶対零度ではトンネル電流は

$$I(V) = \frac{eV - E_c}{eR_t}\Theta(eV - E_c) \tag{2.57}$$

となり，E_c を超える電圧エネルギーでのみ電流が流れるクーロンブロッケードが起きることが確認できる．

結局これらは，**図 2.11** に示すように，"トンネリング電子がその帯電エネルギーを高インピーダンス外部電磁場環境に放出することでエネルギーを損失した結果，トンネリングが抑制されて起きるのがクーロンブロッケードである"ということを示唆していると解釈することができる．

このように，接合の外部インピーダンスの大小はクーロンブロッケード出現にとって最も重要な役割を果たす．また，それが抵抗量子との比に大きく依存する点は非常に興味深い．後述する **Cleland らの実験**により，このことが実

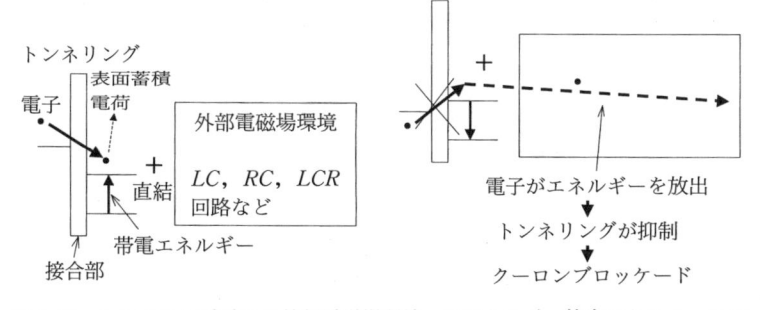

図 2.11 トンネリング電子の外部電磁場環境へのエネルギー放出によるクーロンブロッケード

際に確認される(ただし,このエネルギー放出の概念が正しいかどうかは別であるが)。

〔6〕 **外部ゆらぎの抑制とクーロンブロッケード**

さて,ここまでの位相相関理論の話は,初めに考えた単一接合系でクーロンブロッケードが起きそうにない理由にまったくこたえていない。ここで,その理由の一つであった,接合の表面電荷が**外部電磁場環境のゆらぎ**の影響を直接受けるという点について説明する。接合表面の電荷ゆらぎ $\tilde{Q}$ の2乗平均は前述した LC 回路表記とボゾンの生成消滅演算子を用いた表記で以下のように計算できることが知られている。

$$\langle \tilde{Q}^2 \rangle = \frac{e^2}{2} \frac{\hbar \omega_{LC}}{E_c} \left(\langle b^+ b \rangle + \frac{1}{2} \right) \tag{2.58 a}$$

零点エネルギーにより絶対零度でも

$$\langle \tilde{Q}^2 \rangle = \frac{e^2}{4} \frac{\hbar \omega_{LC}}{E_c} \tag{2.58 b}$$

が残る。ここで,外部 LC 回路の量子化エネルギー $\hbar\omega \gg E_c$ であれば $\tilde{Q} > e/2$ が成り立ち,接合表面の電荷ゆらぎによりクーロンブロッケード電圧 $e/2C$ が簡単に覆い隠されてしまうことがわかる。つまり,位相相関理論においては,外部電磁場環境として導入した LC 回路と接合の表面電荷ゆらぎが結合した結果,帯電エネルギーの寄与が励起された調和振動子モードの寄与より小さければ,クーロンブロッケードは消されてしまうということになる。これはやはり初めに考えたとおりの結果ではある。

このゆらぎを抑さえるための条件 $\hbar\omega \ll E_c$ は,まさに外部環境インピーダンスが抵抗量子より大きいという外部電磁場環境の要請と等価である。これは例えば外部環境を RC 回路に置き換えた場合を例にとるとわかりやすい。RC 回路の場合,$\omega_{RC} = 1/RC$ であるから

$$\hbar \omega_{RC} = \frac{\hbar}{RC} \ll E_c = \frac{e^2}{2C} \tag{2.59}$$

$$\frac{h}{e^2} \ll R \tag{2.60}$$

2.4 接合の外部電磁場環境とクーロンブロッケード：単一接合系

となる。オーダとして外部抵抗が抵抗量子よりかなり大きくなければならないことがよくわかる。したがって，外部電磁場環境が抵抗量子より高いインピーダンスを持たなければならないというエネルギー散逸のための条件は，同時に，励起された外部環境エネルギーが帯電エネルギーより小さくなければならないということを意味し，これにより，外部電磁場環境のゆらぎから接合表面の電荷ゆらぎを絶縁し，クーロンブロッケードを守る働きをするのである。

結局，**高インピーダンス外部電磁場環境**の働きとして，"①トンネリング電子の**エネルギー散逸**と，②**外部ゆらぎ**の**遮断**"という二つの意味があることになる。位相相関理論で強調されているのは，むしろ前者のほうである。では果たして本当にこれらの解釈は正しいのか？という疑問は当然わいてくる。しかし，実験的にはいったん高インピーダンス環境を接合に直結させてしまったのちは，それがどちらの働きとしてクーロンブロッケードを生み出しているのかわかりにくい。後述するわれわれの実験結果の2.4.3項で，これらの正当性についてのいくつかの興味深い実験例を紹介する。

2.4.2 具体的回路

さて，ここでは具体的な回路についてこの理論をあてはめてみることにする。最も簡単な回路例は，外部電磁場環境のシングルモードとトンネル接合が結合した場合であり，1個のインダクタンス L，または抵抗 R のみをトンネル接合の外部に含む**集中定数回路**である。

〔1〕 ***LC 回 路***

まず，インダクタンス回路の場合，合計外部環境インピーダンスは

$$Z_t(\omega) = \frac{1}{C}\frac{i\omega}{\omega_s{}^2 - (\omega - i\varepsilon)^2} \tag{2.61}$$

となり，その実部は

$$\text{Re}\{Z_t(\omega)\} = \frac{\pi}{2C}\{\delta(\omega - \omega_s) + \delta(\omega + \omega_s)\} \tag{2.62}$$

で与えられる。$P(E)$ は

$$P(E) = \frac{1}{2\pi\hbar} \int_{-\infty}^{\infty} dt$$
$$\times \exp\left[\rho\left\{\coth\left(\frac{\beta\hbar\omega_s}{2}\right)(\cos\omega_s t - 1) - i\sin\omega_s t\right\} + \frac{i}{\hbar}Et\right]$$
(2.63)

で与えられる。ただし

$$\rho = \frac{E_C}{\hbar\omega_s}, \quad \omega_s = \frac{1}{\sqrt{LC}}$$

詳細な計算は文献2)を参照されたい。結局，絶対零度で $P(E)$ は

$$P(E) = \exp(-\rho)\sum_{k=0}^{\infty}\frac{\rho^k}{k!}\delta(E-k\hbar\omega_s) = \sum_{k=0}^{\infty}p_k\delta(E-k\hbar\omega_s) \quad (2.64)$$

に帰着する。つまり一般論で述べたとおり，放出するエネルギー E が $\hbar\omega_s$ の k（整数）倍のときだけ $P(E)$ が値を持つことがわかる。また，p_k は k 個の**エネルギー量子**を励起する確率であることが式(2.64)よりわかるが，中央と右辺の式を比べると

$$p_k = \exp(-\rho)\frac{\rho^k}{k!} \quad (2.65)$$

でポアソン分布になっていることがわかる。これは各事象，つまりエネルギー量子の放出が独立に行われることを意味する。トンネル電流はこれより

$$I(V) = \frac{1}{eR_T}\exp(-\rho)\sum_{k=0}^{\infty}\frac{\rho!}{k!}(eV-k\hbar\omega_s) \quad (2.66)$$

となる。

さて，この式の $\exp(-\rho)$ の項はクーロンブロッケードにとって重要である。電圧 V が小さいとき励起されるエネルギー量子の数は少なく，$k=0$ 付近のみが和に寄与する。したがって $\exp(-\rho)$ が零電圧付近での電流-電圧特性の傾き，つまりコンダクタンスを支配する。$\rho \gg 1$（$E_C \gg \hbar\omega_s$）の場合，この項は零に近いので $I(V \cong 0) = 0$ になり，クーロンブロッケードによく効くし，$\rho \ll 1$（$E_C \ll \hbar\omega_s$）の場合 $I(V \cong 0) \neq 0$ で大きいコンダクタンスが存在し，クーロンブロッケードは消えてしまう。したがって $E_C \gg \hbar\omega_s$，つまり零電圧付近での漏れ電流をなくすという観点から，ここでも高インピーダン

2.4 接合の外部電磁場環境とクーロンブロッケード：単一接合系

ス外部環境がクーロンブロッケードの必要条件になっていることがわかる。

また，図 2.12 に示すように，高電圧領域では $V = k\hbar\omega_s/e$ ごとに電流-電圧特性の傾きが変化することがわかる。コンダクタンス-電圧特性では，これは $V = k\hbar\omega_s/e$ ごとに階段が現れることを意味し，この電圧単位で新たな伝導チャネルが開くと解釈される。図のように有限の温度ではこの階段は滑らかになる。

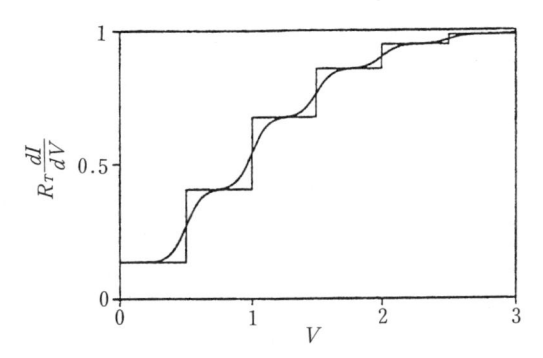

図 2.12 LC 回路モデル $\rho = 2$ でのコンダクタンス-電圧特性とその温度依存性の計算例。電圧軸の単位は $V = \hbar\omega_s/e$ である。階段状特性は絶対零度，滑らかな特性は $kT = 0.04E_c$ のとき得られる。
(G.-L. Ingold, Y. V. Nazarov：*Single Charge Tunneling,* edited by H. Grabert and M. H. Devoret, NATO ASI Series B-294, p. 21, Plenum Press, New York and London (1991))

さらに，この $\exp(-\rho)$ の項は，単一電子トンネリングと**メスバウアー効果**のアナロジーからも理解できる。メスバウアー効果では，結晶に埋め込まれた放射性原子核を取り扱う。放射線粒子が放出される際に運動量が保存されるために二つの場合がある。一つは結晶中のフォノンを励起する方法であり，もう一つは結晶全体に運動量を放出する方法（メスバウアー転移）である。この場合，結晶の質量が大きいため原子核の運動量は保存される（つまり粒子の放出は無視され得る）。さて，この現象を単一電子トンネリングにたとえると，放射線の放出は電子のトンネリングに，原子核の運動量は接合電荷に，おのおの

相当する．クーロンブロッケードの観点から考えたとき，トンネリングにより接合電荷が変化したかどうかが問題になる．電荷が変化しないのであればクーロンブロッケードは起きない．これは前述した後者の場合，つまりメスバウアー転移にあたる．したがって，前者の場合がクーロンブロッケードが起きる条件に相当し，フォノンの励起の必要性は，環境の励起が必要とされることに相当する．このメスバウアー効果とのアナロジーは，式(2.66)中の $\exp(-\rho)$ がデバイワラー因子として解釈でき，これは環境の励起なしにトンネリングが起きる可能性の存在を示唆する．つまり電圧が非常に小さい領域では，この程度の漏れ電流が流れるのである．

〔2〕 **RC 回 路**

つぎに，接合が1個のオーミック抵抗とのみ結合した場合を考える．この抵抗が周波数に依存しない定数で，抵抗量子に比べて非常に大きい場合は，高インピーダンス環境の例として有限温度での現象を前述した．

ここでは，抵抗量子に比べて抵抗がそれほど大きくない場合の，絶対零度での現象を説明する．まずエネルギー（印加電圧）が非常に低い場合を考える．このとき外部合計インピーダンスの実部は

$$\frac{1}{R_Q}\mathrm{Re}\{Z_t(\omega)\} = \frac{1}{R_Q}\mathrm{Re}\left(\frac{1}{i\omega C + 1/R}\right) = \frac{1}{g}\frac{1}{1+(\omega/\omega_R)^2} \tag{2.67}$$

で与えられる．ただし

$$g = \frac{R_Q}{R}, \qquad \omega_R = \frac{1}{RC} = \frac{g}{\pi}\frac{E_c}{\hbar}$$

詳細な計算は文献2)を参照されたい．電流-電圧特性は

$$I(V) = \frac{\exp(-2\gamma/g)}{\Gamma(2+2/g)}\frac{V}{R_t}\left(\frac{\pi}{g}\frac{e|V|}{E_c}\right)^{2/g} \tag{2.68}$$

となる．γ はオイラー定数である．この式より $dI/dV \sim V^{2/g}$ で零電圧コンダクタンス異常が存在することがわかるが，これより，$g \ll 1$ の高インピーダンスであれば零電圧近傍のコンダクタンスが小さく，クーロンブロッケードがよく効き，逆に $g \gg 1$ であればコンダクタンスが大きく，クーロンブロッケードが効かないことがわかる．図 2.13 に実際の計算例を示す．

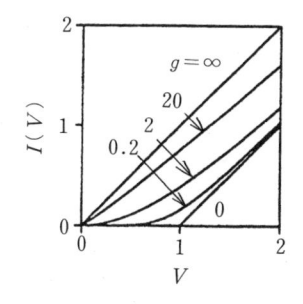

図 2.13 RC 回路モデルでの電流-電圧特性の g 値依存性計算例
(G.-L. Ingold, Y. V. Nazarov: *Single Charge Tunneling*, edited by H. Grabert and M. H. Devoret, NATO ASI Series B-294, p. 21, Plenum Press, New York and London (1991))

また，高電圧での電流-電圧特性は

$$I(V) = \frac{1}{R_t}\left\{V - \frac{e}{2C} + \frac{g}{\pi^2}\left(\frac{e}{2C}\right)^2 \frac{1}{V}\right\} \tag{2.69}$$

で与えられるが，この式でも $g \ll 1$ で高インピーダンスであれば最終項がほぼ無視でき，高電圧領域で電流-電圧特性は $V = e/2C$ で $I = 0$ を通る傾き $1/R_t$ の直線になり，クーロンブロッケードの状態に類似するが，$g \gg 1$ であればそれからのずれが生じることがわかる。

したがって，この RC 回路の場合も $g = R_Q/R$ で代表される抵抗量子と外部インピーダンスの比がクーロンブロッケードの存在を決めることが理解できる。

〔3〕 **LCR 回路**

さて，ここでは以上の二つのケースが直列に接続された LCR 回路を考える。この場合，クーロンブロッケードは，おのおのの共振モードの比 $Q = \omega_R/\omega_s$ に依存した複雑な振舞いをみせる。この回路でのインピーダンスは

$$\frac{Zt(\omega)}{R_Q} = \frac{1}{g}\frac{1 + iQ^2(\omega/\omega_R)}{1 + i(\omega/\omega_R) - Q^2(\omega/\omega_R)^2} \tag{2.70}$$

で与えられる。図 2.14 にこれを用いて計算されたおのおの $Q = 50, 5, 0.25$ に対応する $P(E)$ の E 依存性を示す。$Q = 50$ の場合は kE_C に鋭いピークを持つことがわかるが，これは LC 回路での依存性に近く，また逆に $Q = 0.25$ では E_C 付近にピークを持つなだらかな曲線になり，これは RC 回路で $g = 0.2$ での依存性に近い。つまり Q に依存してさまざまなクーロンブロッケードの現れ方をすることが理解できる。

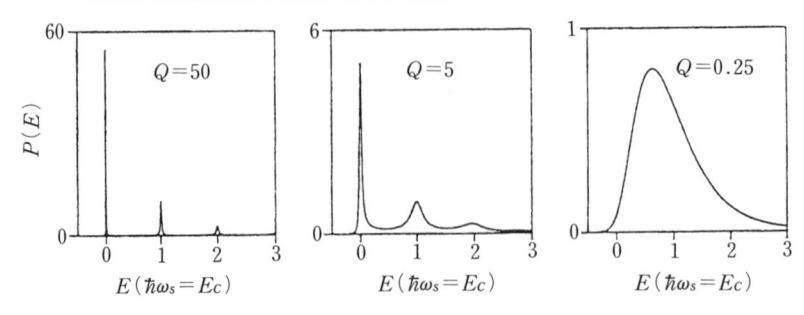

図 2.14 LCR 回路モデルでの $P(E)$-エネルギー E 特性の Q 値依存性計算例
(G.-L. Ingold, Y. V. Nazarov : *Single Charge Tunneling*, edited by H. Grabert and M. H. Devoret, NATO ASI Series B-294, p. 21, Plenum Press, New York and London (1991))

〔4〕 伝達線路

前節までの議論は，L や C が集中定数として離散的に位置して接続された回路を想定していた．しかし，実際の接合の外部環境ではそのような例はまれであり，むしろそれらが分布定数として存在している**伝達線路** (transmission line) を想定したほうが現実的であろう．ここではそれについて紹介する．まず，一般的な LCR 伝達線路での電圧平衡式は次式のように表される．

$$\frac{\partial V}{\partial x} = -I(x)(R + i\omega L) \tag{2.71}$$

ここで，電流・電圧の時間依存性は $\exp(it\omega)$ と仮定している．また，電流連続の式は

$$iCV(x) + \frac{\partial I}{\partial x} = 0 \tag{2.72}$$

であり，両式から

$$\frac{\partial^2 V}{\partial x^2} = -\kappa^2 V(x) \tag{2.73}$$

が得られる．ただし，$\kappa = \sqrt{\omega(-iRC + \omega LC)}$ である．ここで R, L, C は単位長さ当りの物理量なので，κ は長さの逆数つまり波数の次元を持つ．式 (2.73) は簡単に解けて一般解は

$$V(x) = Ae^{-i\omega x} + Be^{i\omega x} \tag{2.74}$$

となり，電流は式 (2.71) より

2.4 接合の外部電磁場環境とクーロンブロッケード：単一接合系

$$I(x) = \frac{i\kappa}{R + i\omega L}(Ae^{-ikx} - Be^{ikx}) \tag{2.75}$$

となる．伝達線路の起点 $x=0$ を左端に選び，半無限大に続くとすると，この波は右側のみに進行するので $B=0$ なり，$x=0$ での伝達線路のインピーダンスは

$$Z_\infty(\omega) = \sqrt{\frac{R + i\omega L}{i\omega C}} \tag{2.76}$$

となる．実際の伝達線路は有限なので右端 $x=a$ を $Z_a = V(a)/I(a)$ のインピーダンスで終端すると，結局 $x=0$ でのインピーダンスは

$$Z = Z_\infty \frac{e^{2ika} - \lambda}{e^{2ika} + \lambda} \tag{2.77 a}$$

ただし

$$\lambda = \frac{Z_\infty - Z_a}{Z_\infty + Z_a} \tag{2.77 b}$$

で与えられる．

さて，LC 伝達線路の場合は式(2.71)で $R=0$ とおけばよいので

$$Z(\omega) = Z_\infty \frac{\exp(2i\omega a\sqrt{LC}) - \lambda}{\exp(2i\omega a\sqrt{LC}) + \lambda} \tag{2.78}$$

が得られる．この式は $Z_\infty \ll Z_a$ のとき $\omega = (\pi\sqrt{LC}/a)n$ で，$Z_\infty \gg Z_a$ のとき $\omega = (\pi\sqrt{LC}/a)(n-1/2)$ で共振することがわかるが，これらは集中定数の LC 回路で説明したように，$V = k\hbar\omega_n/e$ でのコンダクタンスステップに帰着する．図 2.15 に数値計算例を示す．

つぎに，RC 伝達線路の場合は式(2.76)で $L=0$ とおくことで

$$Z_t(\omega) = \frac{1}{i\omega C_j + \sqrt{i\omega C/R}} \tag{2.79}$$

となるが，抵抗量子 R_Q との比という観点から，$\kappa = C_j/(C/R)/R_Q = (C_j/C)(R/R_Q)$ が重要な因子となる．線路の容量と抵抗は，基本的には線路の長さに比例するから，この因子は接合容量 C_j と等しい線路容量 C を保ち得るある長さの線路抵抗と R_Q との比を意味する．κ が無限大，あるいはある程度大きい値のときは，集中定数の RC 回路の場合と同様のクーロンブロッケー

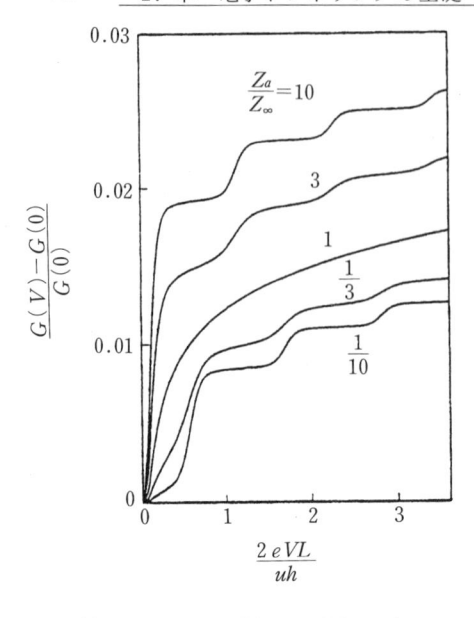

図 2.15 LC 伝達線路モデルでのコンダクタンス-電圧特性の線路インピーダンス Z_a 依存性計算例
(G.-L. Ingold, Y. V. Nazarov: *Single Charge Tunneling,* edited by H. Grabert and M. H. Devoret, NATO ASI Series B-294, p. 21, Plenùm Press, New York and London (1991))

ドが現れる．これに対して式(2.79)のインピーダンスは周波数依存性を持つので，$\kappa \ll 1$ の場合でも，周波数が低ければインピーダンスは増加し R_Q に近づくので，クーロンブロッケードを引き起こすことができる．この目安となる周波数のオーダは次式で与えられる．

$$\omega = \frac{eV_c}{\hbar} = \frac{e}{\hbar}\frac{2e}{(C/R)/R_Q} = \frac{e}{\hbar}\frac{2ke}{C_j} \tag{2.80}$$

ここに V_c は抵抗量子で規格化された線路当りの帯電電圧の次元を持つので，線路が十分長い場合，インピーダンスはこの周波数付近でも飽和しない．したがって，V_c 以下の電圧でトンネリングが抑制され，V_c は実質的なクーロンブロッケード電圧として働く．この場合の低周波，絶対零度での $P(E)$ は

$$P(E) = \sqrt{\frac{eV_c}{4\pi E^3}} \exp\left(-\frac{eV_c}{4E}\right) \tag{2.81}$$

で与えられる．2.4.1項で説明したように，一般的な電流-電圧特性の2回微分は $P(E)$ に比例するから，エネルギー，つまり印加電圧が V_c に比べて非常に小さいときは，$P(E)$ が零に近く，クーロンブロッケードが効くことがわかる．図 2.16 に計算結果例を示す．もちろん温度が上昇すれば，このクーロン

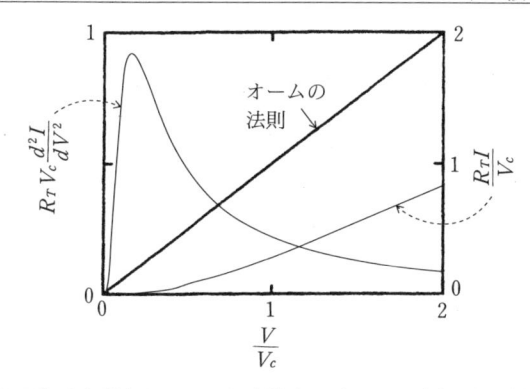

図 2.16 式 (2.81) より得られた RC 伝達線路モデルでの電流-電圧特性とその 2 回微分の電圧依存性計算例
(G.-L. Ingold, Y. V. Nazarov: *Single Charge Tunneling,* edited by H. Grabert and M. H. Devoret, NATO ASI Series B-294, p. 21 (Plenum Press, New York and London (1991))

ブロッケードは消滅する。

2.4.3 実 験 結 果

さて,ここまで単一接合系でクーロンブロッケードが生じ得るという話を位相相関理論に基づいて説明してきたわけであるが,現実に単一接合系でクーロンブロッケードが観察できるのか?位相相関理論が説明している外部環境の働きは本当なのだろうか?という実験的観点からの疑問がわいてくる。そこで本項では単一接合系での実験結果をいくつか示して説明することにしよう。

〔1〕 **Cleland らの実験**[9]

有名な実験の一つとして,図 2.17,図 2.18 に示す A. N. Cleland, J. M. Schmidt, J. Clarke らのものが挙げられる。彼らは電子線リソグラフィを用いて酸化アルミニウムからなる 40 nm 角の**単一微小トンネル接合**を形成し,図 2.17(a)左挿入図にあるように,CuAu 合金,NiCr 合金からなる 2 本のリード線を Al 線により接合両端に注意深く接続し,リード線抵抗と接合のトンネル抵抗を変化させながら,低周波で詳細な電気特性の観察を行った。その結果リード線抵抗が抵抗量子より大きい場合と小さい場合で,零電圧付近のコンダクタンス-電圧特性が大きく異なること,トンネル抵抗で規格化した零電圧抵

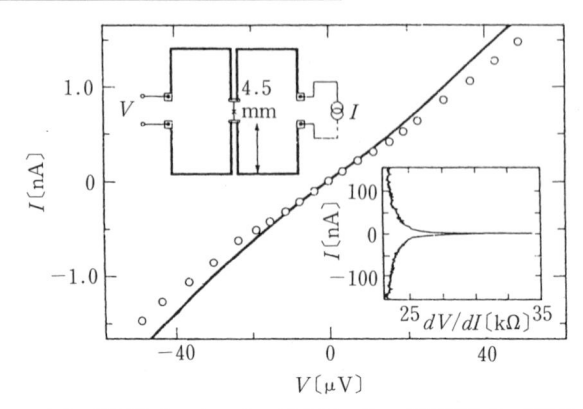

(a) 低抵抗リード：$C=4\pm1\mathrm{fF}$，リード線抵抗 $R=23\,\mathrm{k\Omega}$

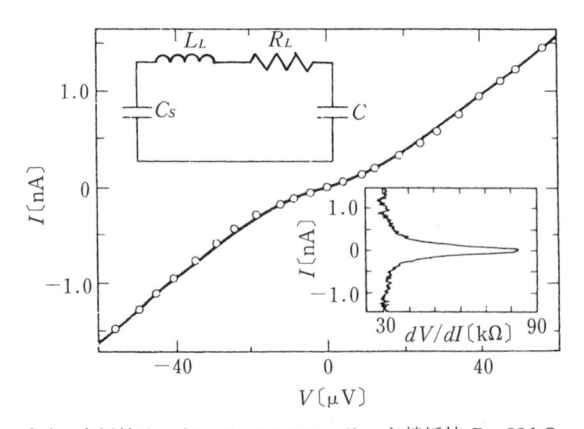

(b) 高抵抗リード：$C=5\pm1\mathrm{fF}$，リード線抵抗 $R=28\,\mathrm{k\Omega}$

図 2.17 単一微小トンネル接合でのクーロンブロッケードの Cleland らの実験による観察例．実線は，$T=20\,\mathrm{mK}$ でのサンプルの測定結果．各図右側挿入図は零電流付近の動抵抗，左側挿入図は測定回路の模式図とその等価回路で，オープンシンボルは理論による計算値である．
(A. N. Cleland, J. M. Schmidt and J. Clarke, Phys. Rev. Lett. 64, 1565 (1990))

抗の温度依存性もきわめて異なることなどを見い出した．

図 2.17 はその例であるが，リード抵抗が抵抗量子より大きい場合（図(b)）のみ零電圧付近で電流-電圧特性の線形性が大きく崩れ，傾きが小さくなっていることがわかる．これは**零電圧コンダクタンス異常**と呼ばれる現象で，零電圧付近では電子の持つ合計エネルギーが小さく，フェルミ準位近傍の状態を反

2.4 接合の外部電磁場環境とクーロンブロッケード：単一接合系

映しやすくなるので，さまざまな系でしばしば観察される。トンネル接合が微小ではない場合でも，その電極金属のポテンシャルの不規則性や不純物濃度に依存して，このような現象が現れることは知られている（例えばAltshulerの理論やそれに基づく多くの実験結果がある）。この場合は，彼らは，つぎに示すいくつかの結果から，この特性が純粋なトンネル電流だけに依存したクーロンブロッケードであり，外部リード抵抗の大きさがクーロンブロッケードに大きく影響を及ぼしていると解釈している。

図2.18は前述した規格化零電圧抵抗の温度依存性であるが，低温側で温度に依存しない平坦領域が存在し，その絶対値はトンネル抵抗が大きいほど大きいこと，高温側では線形に減少し，ほぼどれも同じ絶対値になることがわかる。重要なのはつぎのようなことである。

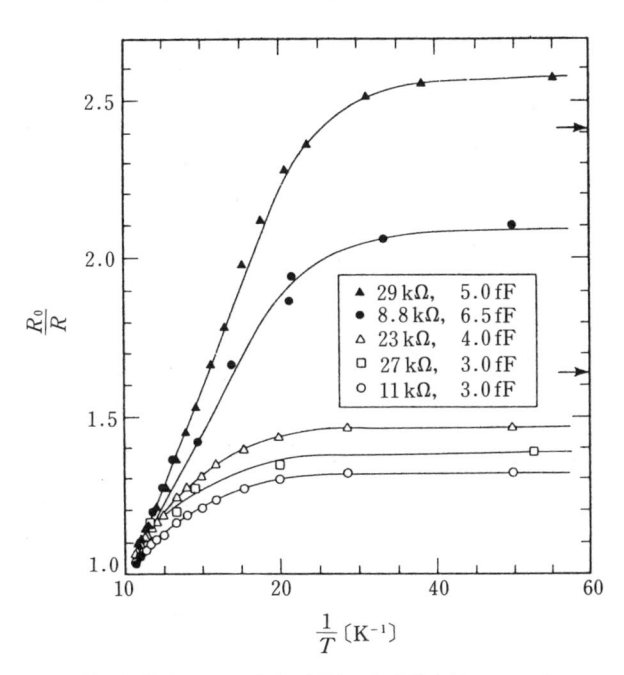

図2.18 リード抵抗で規格化された零電圧抵抗の温度依存性。オープンシンボルは高抵抗リード線，ソリッドシンボルは低抵抗リード線サンプルの測定結果。シンボルの形は異なったトンネル抵抗を意味する。実線は理論式による計算値である。
(A. N. Cleland, J. M. Schmidt and J. Clarke, Phys. Rev. Lett. 64, 1565 (1990))

① 同じ温度で比較して，リード抵抗が大きいほうが全温度領域で規格化零電圧抵抗の絶対値が大きいこと（つまり図2.17のように零電圧コンダクタンス異常が大きいこと）
② 高温側での抵抗減少の傾きも大きいこと
③ リード抵抗が大きいほうではトンネル抵抗の変化に規格化抵抗の絶対値は敏感であるが，リード抵抗の小さいほうでは依存性が小さいこと

$$S_V(\omega) = \frac{\hbar \omega R_L}{\pi} \coth\left(\frac{\hbar}{2kT}\right) \tag{2.82}$$

$$\frac{q(\omega)}{C} + i\omega R_L\, q(\omega) - \omega^2 L_L\, q(\omega) + V_N(\omega) = 0 \tag{2.83}$$

$$\langle q^2(t) \rangle = \int_0^\infty \frac{C^2}{(1 - \omega^2/\omega_{LC}^2)^2 + (\omega/\omega_{RC})^2} S_V(\omega) d\omega \tag{2.84}$$

$$\frac{\langle q^2(t) \rangle}{2C} = \frac{\hbar \omega_{RC}}{\pi} \ln\left(\frac{\omega_{LC}}{\omega_{RC}}\right) \tag{2.85}$$

$$\langle \Gamma^\pm(Q) \rangle = -\frac{e/2 \pm Q}{2eRC} \operatorname{erfc}\left\{\frac{e/2 \pm Q}{(2\langle q^2 \rangle)^{1/2}}\right\} \\
+ \frac{1}{eRC}\left(\frac{\langle q^2 \rangle}{2\pi}\right)^{1/2} \exp\left\{-\frac{(e/2 \pm Q)^2}{2\langle q^2 \rangle}\right\} \tag{2.86}$$

これらは確かに従来の現象・理論では理解しにくい。彼らは特に**位相相関理論**に基づいたわけではなく，以下に説明する独自のモデルでこの現象を説明した。まず，四つの外部リード線をLCR線路とみなし，式(2.82)で表される。そこで生じるナイキスト電源ノイズスペクトルを，式(2.83)の**量子ランジュバン方程式**に代入した結果，接合表面での平均電荷ゆらぎを式(2.84)のように導いた。さらに，熱エネルギーの寄与が十分小さい低温で，かつリード抵抗が非常に大きい極限で，式(2.84)が式(2.85)に帰着することを算出し，ガウス分布を伴ったこの接合表面の電荷ゆらぎqがもともとの表面電荷Qを$Q+q$に変えた結果を，単一接合系クーロンブロッケードのオーソドックスなトンネル確率式に導入することでトンネル確率を算出し，実験結果がよくフィッティングされることを示している（図2.18の実線部分）。特に極低温ではこの電荷ゆらぎが零点振動によるものとし，式(2.86)で与えられるトンネル確率が実験結

2.4 接合の外部電磁場環境とクーロンブロッケード：単一接合系

果の低温部の平坦領域をよく説明するとしている。つまりリード抵抗が大きいほど，ゆらぎの影響を防ぐことができる結果，クーロンブロッケードの効果がよく効くというわけである。

ただし，この理論では電荷ゆらぎを算出する際に接合外部の**寄生容量**の見積もりが問題になる。次節で説明するが，この接合外部のどの領域までを寄生容量の有効領域として見積もるかについては，**ホライゾンタルモデル**が提案されているが，かなりやっかいな問題で，いまでも必ずしも解決された問題ではない。Cleland は接合部からリード線上のある領域のみにインジウムを塗布し，その影響が電流-電圧特性に現れないことで，寄生容量の領域をできるだけ正確に見積もり，上記理論式に導入し，正確なデータフィッティングを行った。

彼らの提案したこのモデルにおいて，外部環境のゆらぎと接合の表面電荷が結合すること，外部インピーダンスと抵抗量子の関係が重要なことなどは位相相関理論と一致するが，位相相関理論の最大のポイントである外部電磁場環境でのエネルギー散逸効果を彼らの理論はまったく考慮してない。にもかかわらず，データは理論によく合う。これは，本当に外部電磁場環境でのエネルギー散逸はクーロンブロッケードに必要なのであろうか？という疑念をわれわれに抱かせる。もちろんエネルギー散逸を伴った量子論に基づけば，トンネリングは非弾性的現象であり，クーロンブロッケードはトンネル接合外部でのエネルギー散逸の結果，電子のトンネリングが抑制されて初めて成り立つという解釈は確かであるし，最近ではマクロな量子トンネリングの抑制の観点から実験的に調べられている。エネルギー散逸が本当にクーロンブロッケードに必要不可欠な条件であるという，決定的実験結果を得る今後の調査に期待がもたれるが，これに関連したわれわれの実験結果については後述する。

〔2〕 **その他の報告**

このほかにも P. Delsing, L. J. Geerligs らが各種の単一接合，多重接合系を同一環境のもとに形成し，クーロンブロッケードの比較を行っている。P. Delsing, K. K. Likharev らは，酸化アルミニウムからなる約 6 nm 角の微小トンネル接合の一次元アレー系と単一接合系を同一シリコン基板上に形成し，

その接合系への電極の結合方法，電極パターンを工夫し（図 2.19），低周波でのロックインアンプを使った電流-電圧特性の測定に基づき，主として以下の二つのことを調べている[10]。

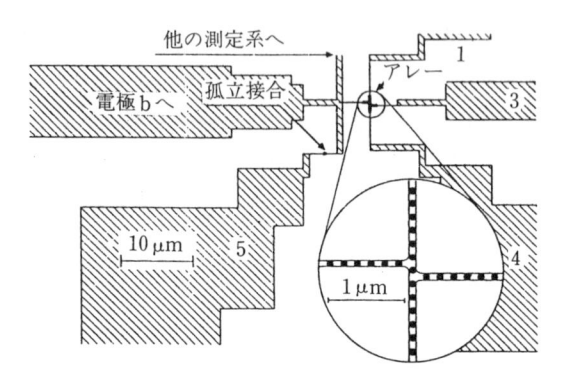

図 2.19 Delsing らのサンプルパターン。酸化アルミニウムを使った 6 nm² の 2 種類の微小トンネル接合が形成されている。一つは孤立した単一トンネル接合，もう一つは四つの 25 個接合の一次元アレーに挟まれた単一接合である。
(P. Delsing, K. K. Likharev, L. S. Kusmin and T. Claeson, Phys. Rev. Lett. 63, 1180 (1989))

一つは，単一接合でもやはりクーロンブロッケードが出現するという結論（図 2.20）であり，もう一つは上述した Cleland らの実験でも問題になった**有効寄生容量**に関する結論である。彼らは，それまで理論で示されていた $c \times \tau_t$（c は光速，τ_t は電子のトンネリング時間）で与えられる領域より実際の有効寄生容量領域が大きい可能性を指摘し，トンネリング電子が得るエネルギー ΔE とトンネリングプロセスに要する時間 $\Delta \tau$ の不確定性から求まる時間 $\Delta \tau \sim h/\Delta E$ を使った $c \times \Delta \tau$ が最大の有効寄生容量領域であるべきだと指摘している。

また，L. J. Geerligs, J. M. Mooij らも酸化アルミニウムからなる多種の単一・多重トンネル接合系を形成し，クーロンギャップをおもにトンネル抵抗への依存性から報告している[11]。彼らによると，多重接合系では低電流領域で理論によく合う明らかなクーロンブロッケードが観察されるが，低トンネル抵抗の単一接合系では，高電流モードで観察した場合のみクーロンブロッケードが

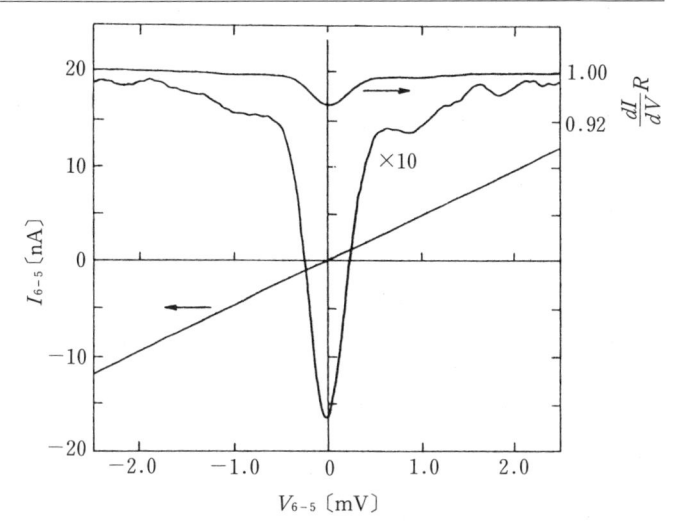

2.4 接合の外部電磁場環境とクーロンブロッケード：単一接合系

図 2.20 孤立単一トンネル接合でのクーロンブロッケード
(P. Delsing, K. K. Likharev, L. S. Kusmin and T. Claeson,
Phys. Rev. Lett. 63, 1180 (1989))

出現するとしている。前者の場合の寄生容量はトンネリング時間を使ったホライゾンタルモデルによく合い，ごく小さい領域であり，後者の単一接合系の場合，高電流モードで観察することで，トンネリング時間が低減でき，寄生容量が減る結果，クーロンブロッケードが出現するとしている。

S. H. Farhangfar, J. P. Pekola らも単一接合にリード線を直結した構造を作製し，外部インピーダンス，トンネル抵抗を抵抗量子との比較のなかでさまざまに変えながら実験し，位相相関理論を検証している[12]。彼らは，**図 2.21** に示すように，外部インピーダンスが抵抗量子の 1/8 程度しかなく，しかもトンネル抵抗も抵抗量子程度の大きさしかない場合でも，零電圧コンダクタンス異常が観察されることを報告している。位相相関理論の核となる後述の式 (2.93)〜(2.95) でその場合の数値計算を行い，図 2.21 に示すように，その結果と観察された零電圧コンダクタンス異常がよく一致することを報告している。つまり位相相関理論は外部高インピーダンス環境の場合のみを説明するのではなく，それが低インピーダンスで，強トンネリングの場合にさえ拡張できる

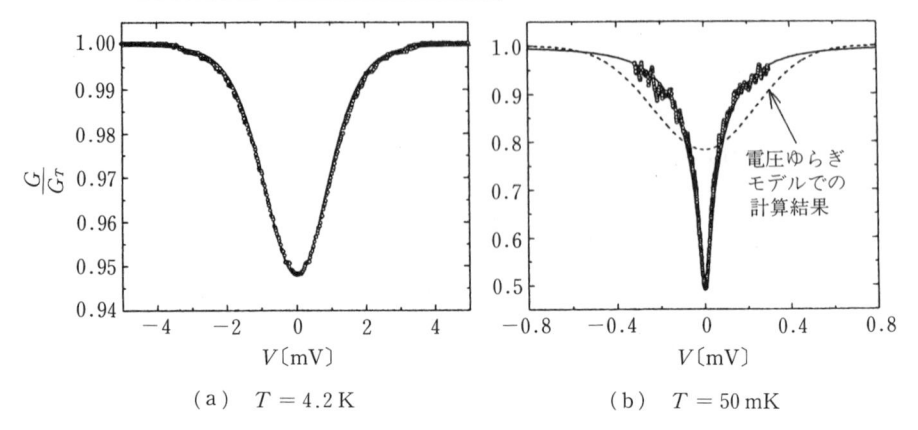

(a)　$T = 4.2\,\mathrm{K}$　　　　(b)　$T = 50\,\mathrm{mK}$

図 2.21　Farhangfar らの低抵抗リード線・強トンネリングのもとでの単一接合クーロンブロッケード。リード抵抗 $R \sim 1/8 R_Q$，トンネル抵抗 $R_t \sim R_Q$，$C = 1.25\,\mathrm{fF}$ の単一接合サンプルの測定結果。実線は位相相関理論による計算結果
(S. H. Farhangfar and J. P. Pekola, et al., Europhys. Lett. 43, 59 (1998))

ことを主張している。しかし，当然ながらこれはかなり疑問が残る結果である。

この意味で X. H. Wang，K. A. Chao は，積分関数的アプローチなどのいくつかの非摂動的手法で位相相関理論を表し，図 2.22 に示すように，外部低イ

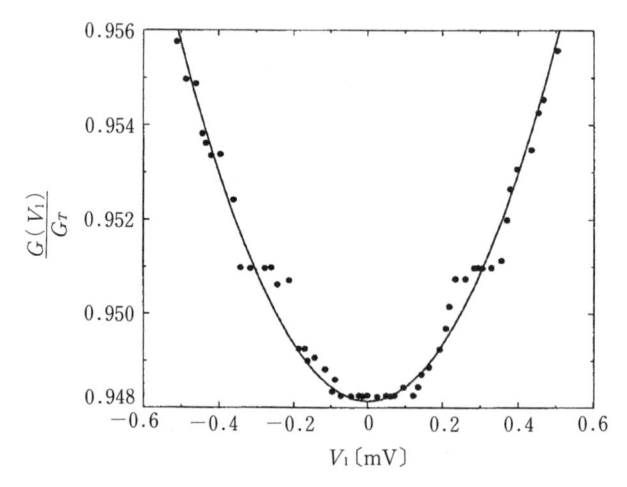

図 2.22　X.H.Wang らの非摂動モデルによる低抵抗リード線・弱トンネリングのもとでの単一接合クーロンブロッケードのフィッティング
(X. H. Wang and K. A. Chao, Phys. Rev. B 56, 12404 (1997-I) and 59, 13094 (1999-II))

ンピーダンス環境下，高低トンネル抵抗下（弱トンネリング）で観察された零電圧コンダクタンス異常が全電圧領域で彼らのモデルでよく説明できることを報告している[14]。また，図に見られる階段状の波形が，位相相関理論の LC 回路モデルで説明できることも報告している．

〔3〕 **筆者グループによる実験**[16]～[35]

この実験を本書に加えるべきか迷ったが，あくまで参考程度に読んでいただけたらということでごく簡単に書き加えた．まだ，あまりに不完全で疑問点の多い実験ではあるが，ある意味では面白いかもしれない．

われわれのグループが**単一接合系**の実験を思いたったのは，ある特殊な薄膜を用いてメゾスコピック系の研究を始めたからである．その物質は**図 2.23** の外観・断面模式図で示されるような**微小多孔質アルミナ膜**と呼ばれる薄膜である．膜上部から見ると，ナノサイズの直径を持つ微小細孔が蜂の巣状にきわめ

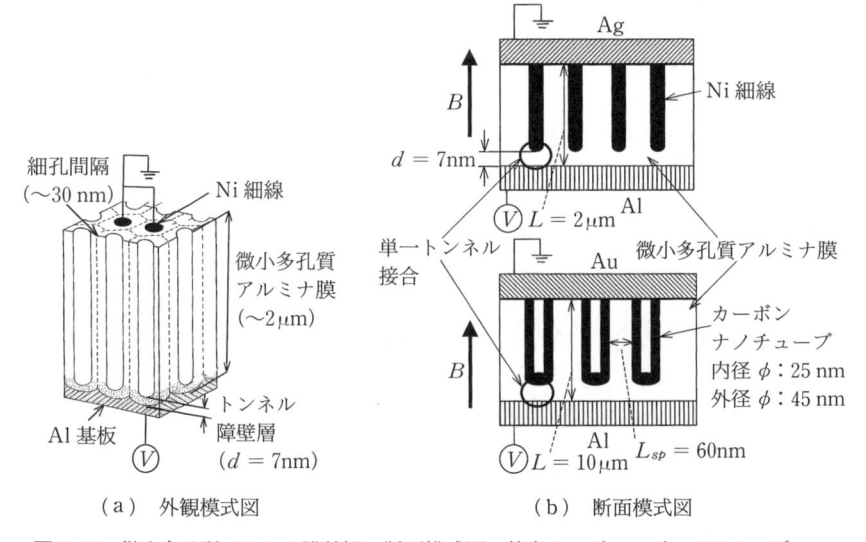

（a） 外観模式図　　　（b） 断面模式図

図 2.23 微小多孔質アルミナ膜外観・断面模式図。筆者らのグループにおけるメゾスコピック研究の基盤材料である．外観図のように，膜上部から見て真ん中に細孔を伴ったセルが蜂の巣状に並んでいる．この細孔は他の細孔と交わることなく，Al 基板に向けて真っ直ぐ伸びるという特徴を持つ．細孔底には Al 基板との間に酸化アルミニウムによるトンネル障壁が自然に形成される．図（b）の上段の断面図はニッケルを成長させた例，下段はカーボンナノチューブを気層成長させた例である．

て規則正しく形成されており，断面模式図でわかるようにこの細孔は数 µm にわたり膜底部のアルミニウム（Al）基板に向け真っ直ぐに伸びている。作製方法は陽極酸化と呼ばれる，いたって簡単なもので，高純度の Al 基板を陽極にし，陰極にカーボン電極などを用い，硫酸，蓚酸，燐酸などの溶液中で電圧を印加し，化学反応により Al 基板を酸化させるだけである。これだけで，上述したような薄膜が自然に形成されるのであるから不思議である。このときの酸化条件により，細孔直径・間隔，長さなどのナノ構造パラメータが比較的自由に制御できる。もともと直径の大きいものは，細孔中に磁性体を成長した高密度磁気メモリ，また直径を変えながら金属などを細孔中に詰めることで視覚的に異なった色を導出する建築用の着色材料などの用途で研究されており，他のポーラス材料に比べて際立って高い均一性などを持つことで知られていた。1995～1997 年頃にかけて，われわれとトロント大学 Jimmy Xu 教授（現ブラウン大学）グループは共同でこれを数 nm の直径まで制御することに初めて成功し，現在この薄膜を利用して量子・メゾスコピック現象の研究を行っている。

この薄膜の特徴の一つは細孔底に自然形成された数十 nm の薄さの酸化アルミニウム層を残せる点である。これを単一トンネル障壁として用いることで，容易にこの系の単一電子トンネリングの実験ができる点にわれわれは着目した。さらに，この膜の最大の特徴は，細孔中にさまざまな物質を電気化学的に成長できる点である。例えば現在われわれのグループでは，金属（金 Au，銅 Cu，ニッケル Ni，コバルト Co，鉄 Fe，クロム Cr），II‐VI族半導体（カドミウムサルファ CdS，カドミウムセレン CdSe），有機物質（カーボンナノチューブ，ポリマー）などが成長可能である。したがって，細孔中の物質と Al 基板で挟まれた単一トンネル障壁が容易に形成でき，かつ，細線中の量子・メゾスコピック効果と，単一接合系での単一電子トンネリングの相関が調査できる。

ここでは，細孔中にニッケル（Ni）を成長してできた"Ni 量子細線＋単一トンネル接合アレー系"，とカーボンナノチューブを成長してできた"カーボ

2.4 接合の外部電磁場環境とクーロンブロッケード：単一接合系

ンナノチューブ＋単一トンネル接合アレー系"での単電子トンネリングの測定結果について説明する。

図 2.24 に SEM で観察した膜上部の像を示すが，直径 30 nm 程度の細孔が規則正しく形成されていることがわかる．図 2.25 に実際に高分解能 TEM で観察した **Ni 量子細線**アレーサンプルの断面像と，1本の細線の底部断面像を

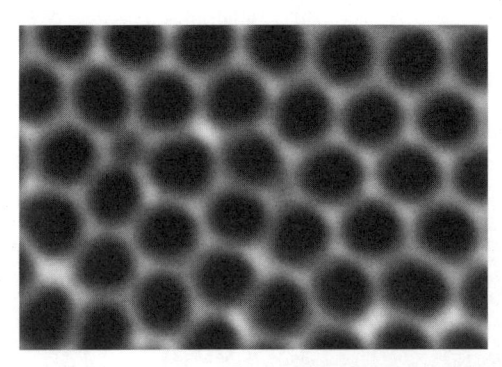

図 2.24 多孔質アルミナ膜上部から見た走査型電子顕微鏡（SEM）像

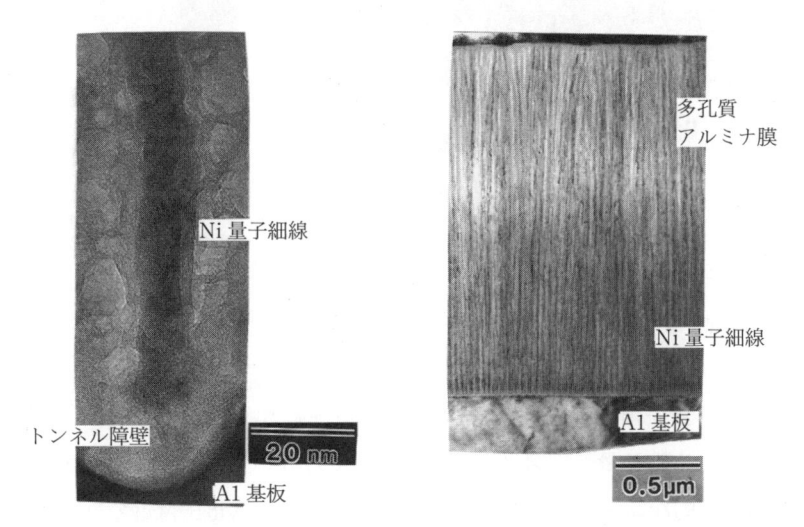

図 2.25 細孔中に形成された Ni 量子細線アレーの断面と1本の Ni 量子細線先端の高分解能透過型電子顕微鏡（TEM）像．図 2.23(b) で示したように，先端と Al 基板の間に厚さ 10 nm 弱の単一トンネル障壁が実際に存在していることがわかる．また，Ni 量子細線が微粒子状ではなく，アモルファス状になっていることもわかる．

示す。細線が基板に向け枝分かれすることなく真っ直ぐに伸びていること，細線底部に厚さ 7 nm 程度の障壁層が存在することが確認できる。また，**図 2.26** に細孔に成長した**カーボンナノチューブ**アレーの外観 SEM 像を示す。膜表面を除去しカーボンナノチューブ先端を露出させたものであるが，先端の開いたナノチューブが規則正しく形成されていることがわかる。**図 2.27** は細孔中の側壁付近のカーボンナノチューブの片側断面像である。層数 26 の多層チューブが形成されていることが確認できる。

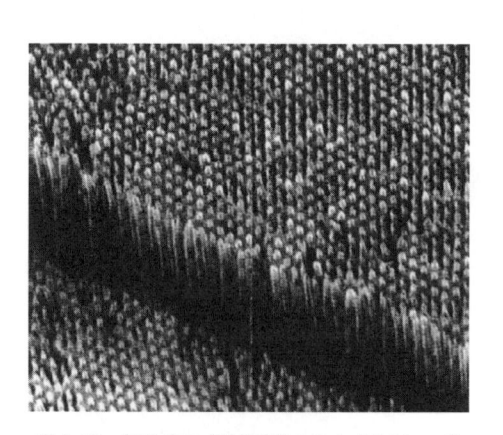

図 2.26 細孔中に気層形成された多層カーボンナノチューブアレーの走査型電子顕微鏡 (SEM) 像。層構造までは確認できないが，先端の開いたチューブが規則正しく形成されていることがわかる。細孔中に形成後，膜表面をエッチングして露出させたものである。

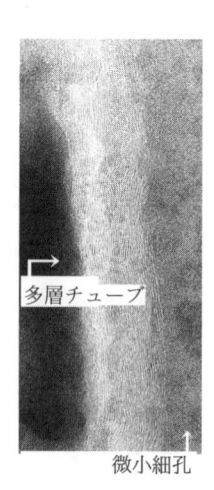

図 2.27 カーボンナノチューブ層構造の高分解能 TEM 像。約 26 層の多層構造になっていることがわかる。このサンプルの場合，平坦性はあまりよくない。

（1） **Ni 量子細線＋単一トンネル接合アレー系**[18〜21),24),28),34),35]

さて，まず "Ni 量子細線＋単一トンネル接合アレー系" から説明する。図 2.28 は典型的なコンダクタンス-電圧特性であるが，零電圧付近でコンダクタンスが急激に減少する，いわゆる零電圧コンダクタンス異常が存在することがわかる。まさにこれはクーロンブロッケードであるといいたいが，そう話は簡単ではない。なぜなら Cleland の実験で述べたように，このような零電圧コン

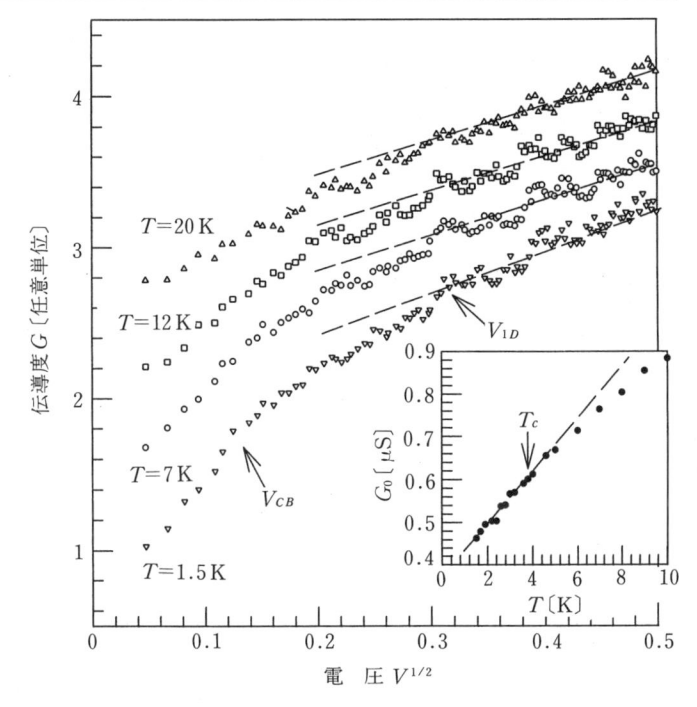

図 2.28 単一トンネル接合に直結された Ni 量子細線アレーにおけるコンダクタンスの電圧依存性。V_{1D} は Altshuler 理論に従う三次元から一次元電子間相互作用への転移電圧を，V_{CB} は一次元電子間相互作用からクーロンブロッケードへの転移電圧を意味する。挿入図：コンダクタンスの温度依存性。約 5 K 以下で線形の依存性。

ダクタンス異常を示す現象はほかにも多くあるからである。

図の電圧軸が $V^{1/2}$ になっている理由もここにある。**Altshuler 理論**によれば，**電子間相互作用**を伴う乱れたポテンシャルを持つ伝導体で形成したトンネル接合では，帯電効果の影響を考慮しなくても零電圧コンダクタンス異常が出現することが予言され，実際に観察されてきた。三次元サンプルでは，この零電圧コンダクタンスは $V^{1/2}$ に比例する。図中 V_{1D} と記した電圧より高い電圧領域では，まさにこの比例関係が成り立つことがわかり，定性的にはこの領域では Altshuler 理論に従う三次元電子間相互作用が零電圧コンダクタンス異常を生み出していると解釈される。これは定量的にも確認された。これに対して V_{1D} より低い電圧領域ではこの線形性からずれが生じていることがわかる。こ

れについては後述するが，この電圧領域はやはり Altshuler の一次元電子間相互作用に従う領域である．さらに，図中 $T=1.5\,\mathrm{K}$ の特性でのみ，V_{CB} と記したもっと低電圧にこの領域からのずれが存在することがわかる．

結局，この図では，3種類の零電圧コンダクタンス異常が混在している可能性が高く，V_{CB} 以下のみの領域を，われわれは以下の二つの理由からクーロンブロッケードであると解釈した．

一つ目の理由は，図 2.29 に示すように直径を変えて作った3種類のサンプルでのコンダクタンスの一次微分・電圧特性が，Nazarov の理論によりフィッティングでき，かつそれらのベストフィッティングから求まる構造パラメータが，表 2.2 に示すように比較的合理的な値であったからである．

ここでの **Nazarov 理論** とは接合の外部電磁場環境に電子間相互作用の影響を初めて取り入れた理論である．前述した Altshuler 理論による零電圧コンダ

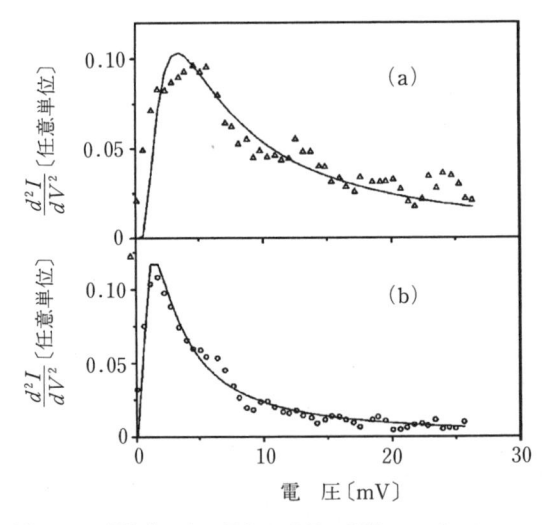

図 2.29 Nazarov 理論式による異なる直径の細線へのデータフィッティング

表 2.2 ベストフィッティングから得られた構造パラメータ

サンプル	$R_0\,[\mathrm{k}\Omega/\mu\mathrm{m}]$	$V_C\,[\mathrm{mV}]$	$C_0\,[\mathrm{fF}/\mu\mathrm{m}]$	$C_{\mathrm{eff}}\,[\mathrm{fF}]$
No.1 (12 nm)	30	20	0.06	0.03
No.2 (16 nm)	8	8.5	0.04	0.08

クタンス異常は，トンネル確率が電極中のフェルミ準位付近の電子の状態密度に比例するという仮定のもとで，それに拡散領域での電子間相互作用の効果を導入することで算出されていた．これに対して，Nazarovは，この理論はトンネリングが一粒子の弾性的現象である場合は正しいが，複数の電子が存在し，電子間相互作用が強く，それが電極電子の状態密度に影響を与える場合は正しくないと指摘した．つまり，トンネリングが非弾性現象のときは別の考え方が必要だといっているわけで，まさにここまで取り扱ってきた，外部電磁場環境の効果をトンネリングに考慮し，そのうえで電子間相互作用を取り込んだわけである．

ただし，図2.29では全電圧領域で荒くこのデータフィッティングが行われており，図2.28のような識別は行っていない．その意味では必ずしも十分な証拠とはいいにくい．また，この2回微分の特性が，図2.16に示した位相相関理論のRC回路モデルの結果に定性的に似ている点も興味深い．

二つ目の理由は，図2.28の挿入図に示すように零電圧コンダクタンスの温度特性が低温部で直線になるからである．これは実験的には3.2節で後述するZellerらの金属微粒子アレーでのクーロンブロッケードの観察と定性的に一致する．またごく単純ではあるが，以下に示すようなモデルで定量的にも理解できる．

外部環境の影響を無視するとき，1個の単一接合のトンネル確率は簡単に次式で与えられる．

$$\Gamma(V, T) = \frac{1}{e^2 R_t}\int_{-x}^{x} dE f(E)\{1 - f(E + \delta E)\}$$

$$= \frac{V - e/2C_j}{eR_t}\left\{1 - \exp\left(-\frac{\delta E}{kT}\right)\right\}^{-1} \quad (2.87)$$

したがって，零電圧でのトンネル確率は次式のようになる．

$$\Gamma(0, T) = \frac{1}{2C_j R_t}\exp\left(-\frac{E_c}{kT}\right) \quad (2.88)$$

ここで複数の接合の寄与を帯電エネルギーのばらつきとして取り入れると以下のようになる．

$$\varGamma_{\text{total}}(0, T) = \frac{1}{2C_j R_{t(\text{total})}} \int_0^\infty \exp\left(-\frac{E_c}{kT}\right) dE_c = \frac{k}{2C_j R_{t(\text{total})}} T \quad (2.89)$$

これは零電圧トンネル確率，したがってまさに零電圧コンダクタンスが温度に比例することを意味する．面白いことに定量的にもこれは実験データを説明する．

さて，これらからまずわれわれはクーロンブロッケードの存在を同定したわけであるが，前述したとおり，単一接合系でクーロンブロッケードが存在するためには，系がいくつかの必要条件を満たさなければならない．まず，トンネル障壁層の抵抗は数百 kΩ～MΩ のオーダであり，抵抗量子より十分大きい．また観察される温度は約 5 K 付近までで，この熱エネルギーも帯電エネルギーに比べて小さい．さらに接合アレー系で問題となるパラメータのばらつきであるが，3.2 節で述べるように，Mullen らの理論に基づけば，接合面積の分布半幅値が 20 ％以内であれば，並列配置された複数の接合を同時に測定しても，クーロンブロッケードは消えない．われわれの細線直径の分布半幅値は 16 ％以下という高均一性を誇っており，この条件もクリアした．

さて，単一接合系で最も重要なポイントは，位相相関理論で説明したように，外部高インピーダンス環境が実現されているか否かである．われわれは接合を除去した 1 本の Ni 細線の抵抗を STM で測定した結果，その抵抗が数百 kΩ のオーダにあることをつきとめた．これは抵抗量子より十分ではないが大きい値であり，位相相関理論を満たしている．したがって，とりあえず図 2.28 の零電圧コンダクタンス異常をクーロンブロッケードと結論しても，特に問題はなさそうである．

ここで非常に面白いのは，この Ni 細線の抵抗がバルクの Ni に比べて 3 桁程度も大きい値であることである．Ni 細線の構造は図 2.25 の TEM の干渉像からでは，多結晶の部分とほぼアモルファスの部分が入り交じっているが，これらがバルクに比べて極端に大きい抵抗を生むとは考えにくい．この原因は前述した一つ目の理由にある．つまり，接合の外部環境に存在する電子間相互作用により，抵抗が異常に高くなっているのである．ここで前述した Altshuler

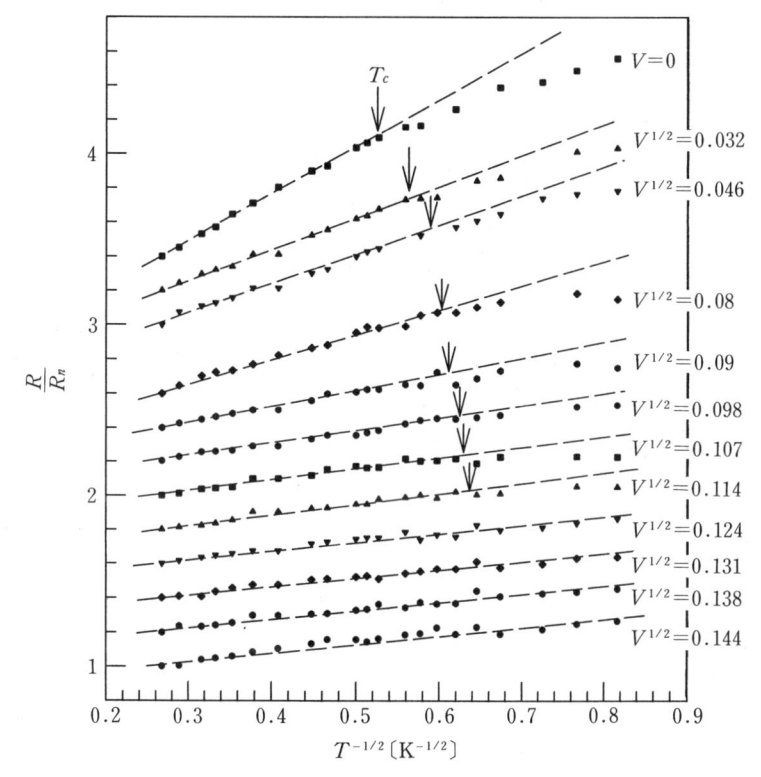

2.4 接合の外部電磁場環境とクーロンブロッケード：単一接合系

図 2.30 規格化された零電圧抵抗の温度依存性。T_c は Altshuler の一次元電子間相互作用からクーロンブロッケードへの転移温度を意味する。

の拡散領域での一次元電子間相互作用が登場する。これは図 2.30 より理解される。

図 2.30 は図 2.28 の各電圧での規格化された抵抗の温度特性を詳細に測定した結果であるが，クーロンブロッケード電圧 V_{CB} により二つの電圧範囲に分類できる。一つ目はクーロンブロッケード電圧 V_{CB} 以上の高電圧領域で，ここでは温度特性は測定全温度範囲で式(2.90)によりフィッティングされる。二つ目はクーロンブロッケード電圧 V_{CB} 以下の電圧領域で，ここでは転移温度 T_c 以上の温度範囲では式(2.90)でフィッティングされ，それ以下ではそれからはずれる。

$$\frac{\delta R(T)}{R_n} = \frac{\rho e^2}{8\hbar A}\left(4 + \frac{3\lambda}{2}\right)\left(\frac{D\hbar}{T}\right)^{1/2} \tag{2.90}$$

式(2.90)はAltshulerの拡散領域での**一次元電子間相互作用**を表す理論式である．電子同士はクーロン斥力により反発しあうが，それが散乱のある二次元平面内に閉じ込められた場合，温度に対して対数的な振舞いを示す．これは二次元電子間相互作用として理論・実験両面でよく知られており，同様の温度依存性を示す電子波の位相干渉に起因した二次元弱局在と比べ，印加磁場依存性が小さいことで識別される．さらに，一次元空間に電子が閉じ込められたとき，式(2.90)により抵抗の温度依存性が表されることをAltshulerが示した．これも実験的にも確認されているが，あくまで純粋な一次元系ではなく，擬一次元系での話であると解釈してよいであろう．したがって，図2.30の式(2.90)に従う範囲ではNi細線中のこの擬一次元電子間相互作用が系の電子伝導を支配していると解釈できる．

さて，ここで重要なのは，クーロンブロッケード電圧以下で，T_c以下の温度では，コンダクタンスの温度依存性がほぼ線形になることである．これは前述した図2.28の零電圧コンダクタンスの温度特性でよく代表され，T_c以下の温度範囲がクーロンブロッケード領域になっていることを示唆する．つまり，T_cで接合のクーロンブロッケードと細線中の一次元電子間相互作用が競合しているのである．ただし，これはT_c以下の温度で細線中の一次元電子間相互作用が消えてしまうことを意味するのではない．あくまで，クーロンブロッケードを生み出すための高インピーダンス外部環境の起源として，細線中の一次元電子間相互作用は存在し続ける．

このメカニズムで注目すべき点が二つある．一つは，電子間相互作用は完全に弾性的ではないが，エネルギー散逸は非常に小さい点，もう一つは電子間相互作用は電子同士の散乱によりゆらぎを生み出す点である．前者は高インピーダンス外部環境であっても，それがエネルギー散逸を伴わなければ，位相相関理論に従ったクーロンブロッケードは出現するべきではないのではないか？という重要な問題に発展する．これについては後述するが，ここでは小さくても

2.4 接合の外部電磁場環境とクーロンブロッケード：単一接合系

エネルギー散逸は存在するので，クーロンブロッケードは起こり得るという定性的理解に留めておく．

さて，後者は非常に面白い点である．これは以下のように T_c がどうやって決まるのかという話に帰着する．図 2.30 で低電圧になるにつれ，T_c は高温側にシフトし，T_c 以上の温度領域での線形性の傾きが大きくなっていることがわかる．この傾きは式 (2.90) では電圧依存の可能性を持つパラメータが電子間相互作用の**拡散定数** D だけであるので，電圧減少とともに，D が増大していくことで理解される．さて，この D の T_c への依存性をプロットしたのが**図 2.31** であるが，ほぼ線形の依存性であることがわかり，$T_c \propto D^{1/2}$ でその関係が表される．

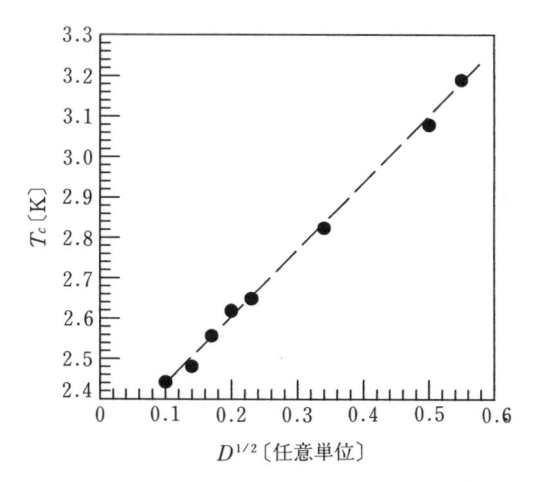

図 2.31 転移温度 T_c の拡散定数 D 依存性．D は式 (2.90) による図 2.30 へのデータフィッティングから求められる．

ここで Altshuler 理論に従えば，電子間相互作用が存在する系で，その他のデコヒーレンス要因が無視できるとき，複数の電子による擬弾性散乱により周波数

$$E_N = \hbar\omega_N \sim \hbar\left\{\frac{T}{D^{1/2}}N(E)\right\}^{2/3} \tag{2.91}$$

を持った**位相ゆらぎ**が生まれる．ここでこのゆらぎが量子化されるという仮定

を導入し，そのエネルギー量子で表した．この位相ゆらぎ量子と帯電エネルギーを等しいとおいたとき，転移温度 T_c は次式で与えられることがわかる．

$$T_c \sim \left\{\left(\frac{E_c}{h}\right)^{3/2} N(E)^{-1}\right\} D^{1/2} \qquad (2.92)$$

これはまさに $T_c \propto D^{1/2}$ の関係と定性的には一致し，T_c が接合の帯電エネルギーと細線中の位相ゆらぎとの競合のなかで成り立っていることを意味する．これは位相相関理論における，外部環境のゆらぎが接合電荷をゆるがせ，クーロンブロッケードを破壊する，という論旨を証明するものである．

つまり，細線中の擬一次元電子間相互作用は，高インピーダンス外部環境としてクーロンブロッケードを生み出す一方で，そのゆらぎによりクーロンブロッケードを破壊するという，一人二役をこなしていた，というシナリオが描けるのである．もちろんこのシナリオにはいくつかの未解決な点がある．例えば拡散定数が電圧に依存するとした点，式(2.92)に定量性がない点，電子間相互作用における定量的なエネルギー散逸が議論されていない点などである．しかし，単一トンネル接合に直結された量子細線中のメゾスコピック現象として電子間相互作用をとりあげ，クーロンブロッケードとの相関を位相相関理論の観点から報告した例としてはこれが初めてであり，意味がある．

（2） **多層カーボンナノチューブ＋単一トンネル接合アレー系**[22]~[31],[34],[35]

さて，ここでは，"**カーボンナノチューブ＋単一トンネル接合アレー系**"でのクーロンブロッケードの測定結果について説明する．ここでの興味は，前述の外部高インピーダンス環境の原因であった電子間相互作用が小さいエネルギー散逸を伴う現象であるのに対して，多層カーボンナノチューブ中で高インピーダンスを作ることが予想される**二次元弱局在**は，後述するように拡散領域での電子波の位相干渉の結果生じる現象なので，完全に弾性的でエネルギー散逸機構を持たない点である．このような場合でもクーロンブロッケードが観察されるのであれば，位相相関理論の"外部環境でのエネルギー散逸がクーロンブロッケードを生み出す"という主張は間違っているかもしれないことになる．

図 **2.32** が観察された零電圧コンダクタンス異常とその温度依存性である．

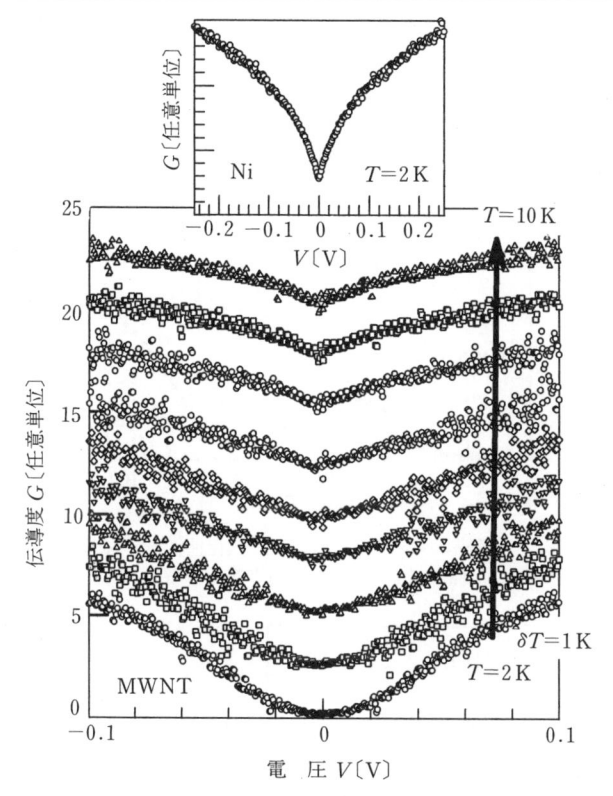

2.4 接合の外部電磁場環境とクーロンブロッケード：単一接合系　　93

図 2.32　多層カーボンナノチューブ（MWNT）に直結された単一接合アレーでの零電圧コンダクタンス異常とその温度依存性．挿入図は前述したニッケル系での零電圧コンダクタンス異常を示す．明らかに形状が異なる．

まずこの零電圧コンダクタンス異常をクーロンブロッケードとして同定しなければならない．図 2.33 に零電圧コンダクタンスの温度依存性を示す．挿入図に示すように約 5 K 以下の低温で直線の領域があることがわかる．前述したように，これは接合アレー系でのクーロンブロッケードの特徴である．つぎに，この場合もっと直接にクーロンブロッケードを確認することが可能であることを示す．それは図 2.34 に示すような位相相関理論による零電圧コンダクタンス異常のフィッティングである．前述してきたように以下の式は位相相関理論の根幹をなしている．

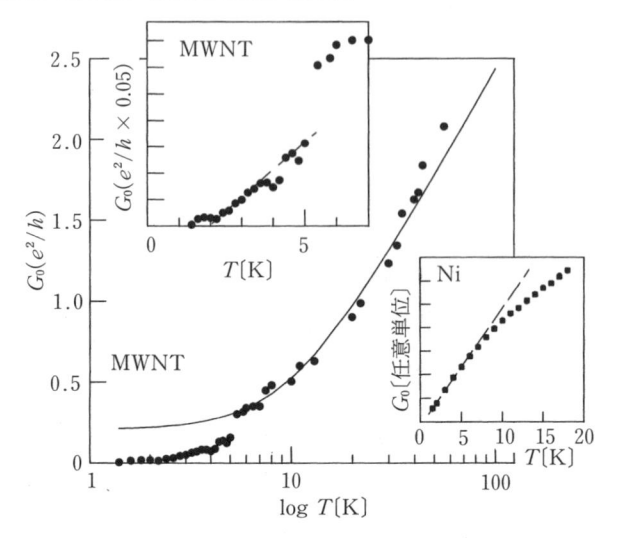

図 2.33 零電圧コンダクタンスの温度依存性。上挿入図：低温部の拡大。下挿入図：前述したニッケル細線系での温度依存性

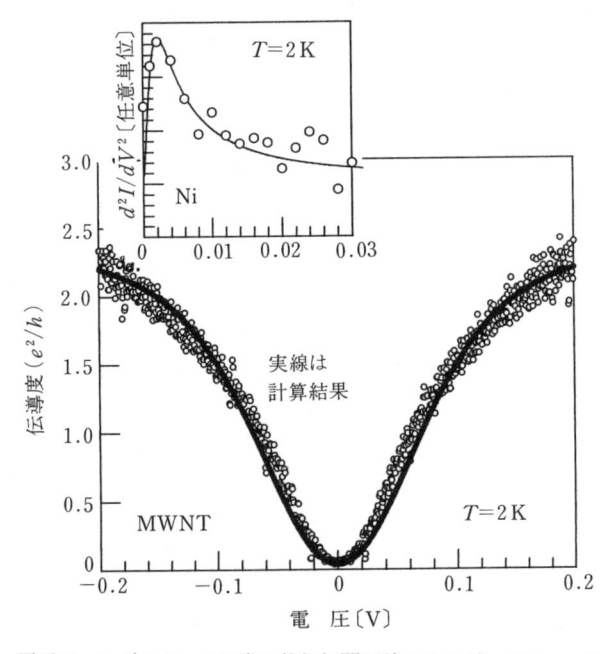

図 2.34 零電圧コンダクタンス異常の位相相関理論によるデータフィッティング。挿入図：前述したニッケル細線系での Nazarov 理論によるフィッティング

2.4 接合の外部電磁場環境とクーロンブロッケード：単一接合系

$$I(V) = \frac{1-e^{-\beta eV}}{eR_t}\int_{-\infty}^{+\infty} dE \frac{E}{1-e^{-\beta E}} P(eV-E) \tag{2.93}$$

$$P(E) = \frac{1}{2\pi\hbar}\int_{-\infty}^{\infty} dt\, e^{J(t)+i\frac{E}{\hbar}t} \tag{2.94}$$

$$J(t) = 2\int_{-\infty}^{\infty}\frac{d\omega}{\omega}\frac{\mathrm{Re}\{Zt(\omega)\}}{R_Q}\frac{e^{-i\omega t}}{1-e^{-\beta\hbar\omega}} \tag{2.95}$$

接合のトンネル抵抗 R_t として 300 kΩ の値が実験的に得られているので，ここでのフィッティングパラメータは，R_Q/R_ext と $\hbar\omega_{RC}/kT$ である．ただし，R_Q は抵抗量子，R_ext は外部環境インピーダンス，$\omega_{RC}=1/(R_\mathrm{ext}C)$ である．また，式 (2.95) 中の $Z_t(\omega)=1/\{i\omega C\ Z(\omega)^{-1}\}$ であり，接合容量 C と外部環境インピーダンス $Z(\omega)=R_\mathrm{ext}$ を並列接続した RC モデルを用いた．

図 2.34 に示すように，実験データと理論計算はよく一致することがわかる．その意味では位相相関理論によく合ったクーロンブロッケードが存在していると解釈できる．また，ベストフィッティングは外部インピーダンスとして 450 kΩ を与える．この値は，多層カーボンナノチューブで報告されている値とオーダ的によく一致し，外部高インピーダンス環境の原因が接合に直結された多層カーボンナノチューブ中にあることを意味する．

では，この高インピーダンスの原因となっているのはなにか？　それは図 2.33 の高温領域から理解できる．この特性は，つぎに示すような多層カーボンナノチューブの**二次元弱局在**の式でよくフィッティングできる．

$$G(T) = G(0) + \frac{e^2}{2\pi^2\hbar}\frac{n\pi d}{L}\ln\left[1+\left\{\frac{T}{T_c(B,\tau_s)}\right\}^p\right] \tag{2.96}$$

ここで，n, d, L, τ_s は，おのおの多層カーボンナノチューブの層数，内側殻の直径，長さ，スピン反転散乱の緩和時間である．ベストフィッティングは $n=18$, $p=2.1$, $T_c=10\,\mathrm{K}$ を与え，必ずしもすべての層が電気伝導に寄与しないことを考慮すると，$n=18$ は観察された 26 層に比較的近いといえる．ここで，T_c は，弱局在を破壊する電子波の位相のデコヒーレンスのメカニズムとして，それより高温側では**電子・格子散乱**が，低温側では磁性不純物による**スピン反転散乱**が支配的になる境界温度である．ここでの $T_c=10\,\mathrm{K}$

は過去の報告例に比べて高いが，それはチューブ形成時に気相反応の触媒として使用し，形成後もチューブ底に微量であるが存在するコバルトによるものである．いずれにせよ，カーボンナノチューブ中の高インピーダンスの原因が，従来報告されているとおり，二次元弱局在に関係している可能性がこれでわかった．

しかし，図 2.33 の低温領域はクーロンブロッケードに隠されて測定できていない．この領域の振舞いは局在の振舞いを正確に知るうえで重要である．そこで，われわれは，この温度領域で磁気抵抗の測定を行った．その結果を図 2.35 に示す．周期的振動が観察されることがわかるが，この振動周期のチューブ半径依存性は図 2.36 で示すように **AAS 振動**の理論と定量的にもよく一致し，位相干渉効果がカーボンナノチューブ中で実際に起きていることがわかる（AAS 振動についての詳細は 4 章で説明する）．さて，この図の零磁場近辺では正の磁気抵抗が観察される．これは，多層カーボンナノチューブで従来報告されていた弱局在のデコヒーレンスによる負の磁気抵抗とは反対の結果であり，われわれのサンプルでの局在が実は反局在である可能性を示唆する．

話が少しそれるが，これについては図 2.37 に示すように面白い結果が出て

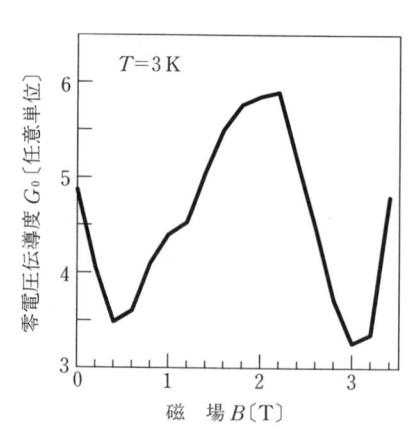

図 2.35 クーロンブロッケード温度領域での磁気コンダクタンス特性

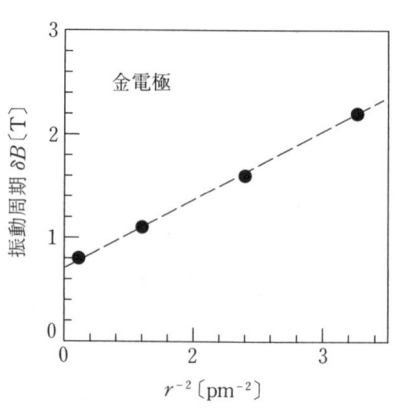

図 2.36 振動周期のチューブ半径依存性．チューブ半径は TEM 像において層の中間の位置で測定した．

2.4 接合の外部電磁場環境とクーロンブロッケード：単一接合系

(a) カーボン電極

(b) アルミニウム電極

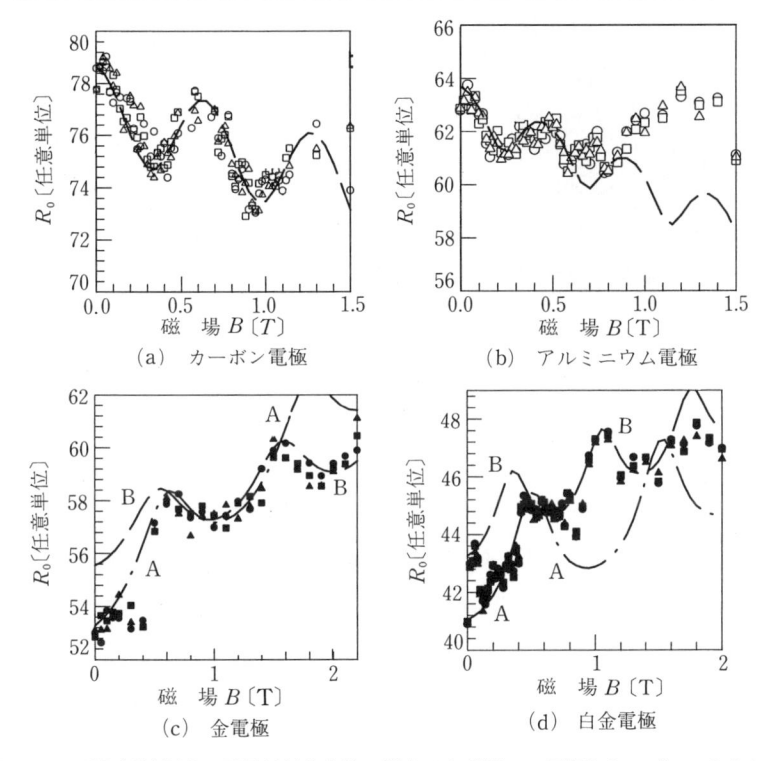

(c) 金電極

(d) 白金電極

図 2.37 磁気抵抗振動の電極材料依存性。測定は各磁場で3回行われ，プロットされている。破線は AAS 振動理論式によるフィッティング

いる。つまり，金，白金という質量の重い元素で電極を作製したサンプルでは**反局在**が，カーボン，アルミニウムという質量の小さい元素で電極形成したサンプルでは，弱局在が出現する。これは従来アルカリ金属の二次元薄膜チューブなどで報告されてきた軽い元素（リチウム）による弱局在と，重い元素（マグネシウム）による**スピン・軌道相互作用**により電子スピンが反転した結果，位相干渉が π ずれて出現する反局在の出現と定性的には一致する。われわれの作製方法で形成したカーボンナノチューブでは，**図 2.38** に示したように電極金属がチューブ先端に拡散した結果，電子のスピン位相を反転させ，この現象が生じていると解釈している。もちろん金，白金などとカーボンナノチューブとの結合がどうやってスピン・軌道相互作用を生み出すのか？は，さらに注

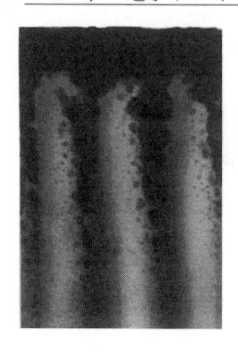

98   2. 単一電子トンネリングの基礎

図 2.38 チューブ先端への電極材料拡散層。5％程度の体積比である。

意深い検討が必要である。重要なのは，従来の話と異なり，この拡散層が体積比にしてわずか5％程度であることである。これは非常に不思議なことである。

この結果は，図2.39に示すように電子をチューブに対して注入する方向が磁気抵抗に与える影響を観測することで理解される。つまり，金拡散層側から電子注入したときは反局在が出現するが，反対のアルミニウム基板側から注入した場合，弱局在が現れる。これは，金拡散層側から注入された電子はただちに電子波の位相干渉経路に組み込まれ，スピン反転が干渉に影響するが，アルミ側からの電子は位相干渉経路が閉じたのち，金拡散層を通過するのでスピン反転の影響は小さいという解釈で理解できる。結局，多層カーボンナノチュー

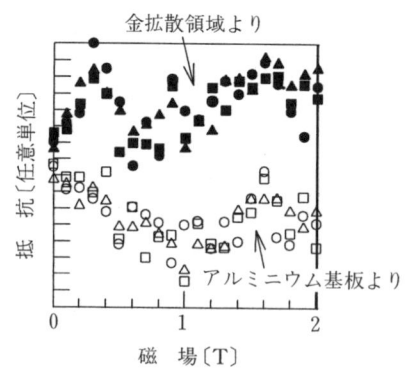

(a) チューブへの電子の注入方向と磁気振動

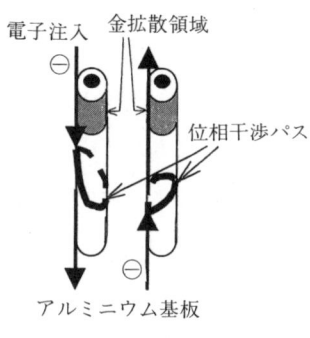

(b) 拡散層でのスピン反転と位相干渉パスの相関の電子注入方向依存性

図 2.39

2.4 接合の外部電磁場環境とクーロンブロッケード：単一接合系

ブが強いスピンコヒーレンスを持つので，チューブ先端のわずかな拡散領域を通り，注入されたスピン反転電子の位相をチューブ全体で保存し得ることは，反局在出現のポイントであるといえる。

話を元に戻して，結局，多層カーボンナノチューブが提供する外部高インピーダンス環境の原因は反局在であることがわかった。ここからが問題である。局在は4章で説明するように，拡散領域での電子波の位相干渉の結果生まれる現象であり，弱局在であれ，反局在であれ，弾性的な現象である。つまり，ここでの**エネルギー散逸**は基本的にはまったくない。これは，外部高インピーダンス環境でのエネルギー散逸によりトンネリングが抑制され，クーロンブロッケードが生まれるとした位相相関理論，すなわち式(2.93)～(2.95)に矛盾する。位相相関理論は本当なのだろうか？

現在のところこれについては，つぎのように少し無理のある解釈をしている。ここで行った実験，データフィッティングがすべて正しいという仮定のもとでは，データと理論の一致は単なる数学的な話であるといえる。確かに式(2.93)～(2.95)に従えば $\mathrm{Re}(Z_t)/R_Q$ の大小で決まる $J(t)$，$P(E)$ により，$I(V)$ 曲線での零電圧付近のコンダクタンスは決まる。$\mathrm{Re}(Z_t)/R_Q \ll 1$ であれば零電圧コンダクタンスは増加し，零電圧コンダクタンス異常，つまりクーロンブロッケードは消滅する。しかしながら，物理的観点からトンネリング電子がエネルギーを放出する場所としては，このような高インピーダンス環境は不必要であるという解釈である。なぜなら，このカーボンナノチューブ中の高インピーダンス環境は，基本的にはエネルギー散逸機構を持たないからである。もちろん，散逸を伴う量子力学的課程の観点からは，このエネルギー散逸は不可欠であるが，この場合，電極中などのどこかほかの低インピーダンス環境の場所でそれは起きるのであろう。したがって，ここでのカーボンナノチューブの持つ高インピーダンスは，外部ゆらぎを遮断するという，位相相関理論のもう一方の意味で重要になる。

さて，$P(E)$，$J(t)$ をどう解釈すればよいのであろうか？ 面白いことに位相相関理論の出発点となっている，ジョセフソン接合での位相差に基づいた常

伝導接合でのトンネリング電子の位相に関する定義は，電子波の位相干渉効果の結果生まれる局在，AAS（AB）振動の説明においても当然ながら共通である．位相相関理論では，それが外部環境と結合してできる位相ゆらぎの時間発展として $J(t)$ が定義され $P(E)$ につながった結果，式(2.93)中の性格から外部環境へのエネルギー放出確率として $P(E)$ が定義された．他方，位相干渉効果の説明では，この位相が保存され磁場により変調された結果，干渉効果も変調される．この両方の観点から，カーボンナノチューブ中での $P(E)$ は位相干渉効果に伴うゆらぎに関連した電子波のチューブ中の透過確率として解釈可能であるかもしれない．が，いずれにせよまだ結論は出ていない．

しかし，図2.35，図2.37に示した低温でのAAS振動は，この場合クーロンブロッケードが磁場により変調されるということを意味している．基本的にはクーロンブロッケードは印加磁場に対して独立であるので，これは外部環境にある局在とこのクーロンブロッケードが強く結合している証拠でもある．

さてこの実験，計算が正しければという仮定をこの説明の前につけたが，これは以下に説明する観点から，そうではない可能性もあるからである．

① 接合容量 C の導出：われわれはNazarov理論によるフィッティングで得られた C を計算に用いた．実際の接合容量の測定は行っていない．

② 寄生容量 C_p の無視：この寄生容量の影響を無視した．われわれがホライゾンタルモデルに基づき $L = \tau \times c$（τ は不確定性の時間 $\sim h/eV$，c は真空中の光速）を有効寄生容量領域として用いてフィッティングを行ったとき，実験結果とあまり合わない．このために有効寄生容量領域はこの値よりさらに小さい値が必要とされる．時間として不確定性の時間を用いるかぎり，伝達速度としては光速より小さい値が必要になる．ここで用いたカーボンナノチューブの表面平坦性はあまりよくないので，これは定性的にはつじつまがあうのかもしれない．つまり，平均自由行程内にない大きさのサンプルの場合，光速の代わりに，系の乱雑さも考慮した値の小さい伝達速度を使用する必要がある．

③ 分布定数 LCR モデルの必要性：われわれは計算に RC モードの集中回路定数を用いた．しかし，実際のカーボンナノチューブはインダクタンス

L を持ち，R，C，C_p も含めて分布定数を持つであろう．その意味で伝達線路モデルを使わなかった計算のモデルそのものに問題がある可能性もある．

2.5 帯電エネルギーへの有効寄生容量の寄与

さて，単一接合系での説明は前節までで終わりにして，本節ではそこでも述べたように，クーロンブロッケードに対する**有効寄生容量**について説明する．帯電効果の式 $E_c = e^2/2C$ に現れる容量 C はトンネル接合の持つ純粋な真性容量のみではなく，接合に結合されている全システムに関した寄生容量をも含むので，これについて活発な議論がなされてきた．特に，単一接合系ではこの影響が顕著に現れ，外部環境でのエネルギー散逸とともに，トンネリングに関する量子力学的側面としても非常に興味深いテーマである．

この議論に登場する一つのモデルに**ホライゾンタルモデル**がある[10),36)~38)]．極端な例であるが，例えば図 2.40(a) のように接合間隔の最も小さい微小な部分と，それより少し間隔の大きい大面積の部分からなるトンネル接合があるとしよう．トンネル確率は，基本的にはトンネリング距離に指数関数的に反比

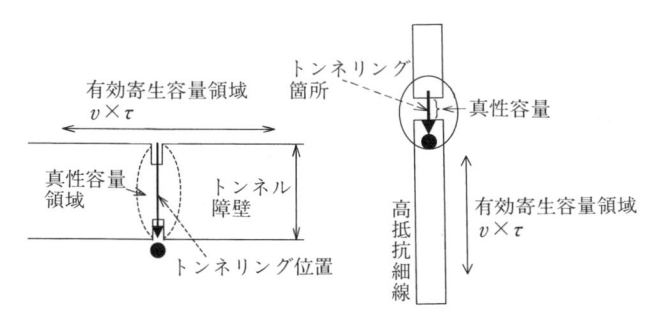

(a) ホライゾンタルモデル：接合からどの領域までの寄生容量がクーロンブロッケードへ寄与する？

(b) 高低抵抗細線を接続した系へのホライゾンタルモデルの適用

v：情報の伝達速度，光速？　　τ：SET 過程に関した時間

図 2.40

例するので，トンネリングは距離の小さい部分のみで起きる確率が高い。このとき，接合の帯電効果をこの微小領域のみの容量で決定すべきであろうか？もちろん答えは No である。なぜなら，この微小領域は系から完全に絶縁されているわけではなく，外部でわれわれが観察する電気特性は，大面積の電極部分を含めた合計のシステムにおける帯電効果であるからである。つまり，実際は電子がトンネリングしていない大面積部分も寄生容量として，帯電効果に取り入れなければならない。また図(b)に示すように，トンネル接合に高抵抗なリード細線がつながっている場合もこれに類似したケースと考えることができる。まさに，これは前述したわれわれの実験系である。では，いったいどこまでの領域を寄生容量への有効領域として考慮すればよいだろうか？

ホライゾンタルモデルでは，トンネリングが生じているという情報が電気的に伝達し得る領域だけを，帯電効果への接合系とすればよいとする。つまり，実際にトンネリングが起きている接合部分から，$v \times \tau$ の領域（v はシステム中を情報が伝達する速度，τ はトンネリング過程に関するなんらかの時間）のみを，有効寄生容量領域にするのである。確かにこの考え方は，合理的であるように思えるが，問題は v, τ としてなにを選ぶかということである。

v としては，

① 電極表面を伝搬する電磁波の速度
② 最大の速度として真空中の光速

が考えられる。また τ としては，SET 振動の節で後述するが，

① トンネリング前の充電時間
② トンネリング時間
③ トンネリング後の系の緩和時間
④ トンネリングに関するエネルギーと時間の不確定性から求まる時間

が挙げられる。前節までに述べたとおり **Delsing らの実験**[10]を信じれば，少なくとも光速と電子のトンネリング時間 τ_1 を用いた $c \times \tau_1$ の場合，実際のデータから見積もられる値より寄生容量は小さくなるので，c が最大の情報伝達速度であるかぎり，もっと大きい τ が必要になる。最大の τ は前述したなか

で不確定性から決まる $\varDelta\tau \sim h/\varDelta E$ であり,現在のところこれで最大の寄生容量領域を見積もることができるとされている.しかし,本当にこれが正しいのかという問いに対しては実験的に厳密な答えはでていない.むしろケースバイケースで各実験系に応じて支配的なパラメータを選ぶほうが現実的であるという考え方もできる.

2.6 SET 振 動

本節では図 2.4 に示した単一電子トンネリングの基本現象の一つであるSET(single electron tunneling)**振動**について説明する.この現象は微小トンネル接合の両端に定電流源を接続した場合のみに発生する.この場合,接合は定電流源からの電子の充電とトンネリングに伴う放電という現象を自発的に繰り返すことになる.図 2.41 にその過程を表すエネルギー相関図を示す.縦軸 E は系のエネルギー,横軸 Q は接合に蓄積される電荷(ただし合計電荷の重心)で,このとき接合に蓄積される帯電エネルギーは $E = Q^2/2C$ なる放物線で表される.

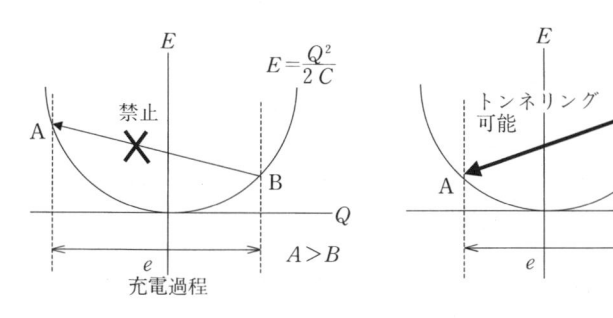

(a) SET が生じない場合　　　(b) SET が生じる場合

図 2.41 SET 振動の起源になる接合の充放電過程

まず,接合両端に電流源より電子が注入され蓄積され接合キャパシタは充電され始める(点 A から B).つぎに蓄積された電荷が電荷軸上で e を超えた瞬間この電荷は電子としてトンネリングを起こすことができる(点 B).トンネ

リングが起きた結果，接合上の電荷は電子 1 個分減少するので，電荷軸上を点 B から A に移動するが，ただちにつぎの電荷が電流源から供給され，再び充電が始まる。この過程を接合は自動的に繰り返す。ここで重要なのは図 2.41(a) のように，点 B から A にトンネリングが発生した結果，系のエネルギーが高くなることがあってはならないという点である。したがって，電荷軸上で e の幅を移動させていくとき放物線上でこの条件を満たすのは点 B が $Q = +e/2$ より大きくなったときであることがわかる。蓄積される電荷は $Q = CV$ で表されるので，これは $V = e/2C$ なる電圧，つまりクーロンブロッケード電圧に相当することになる。

この現象を時間軸上に置き換えたのが図 2.4 である。縦軸は接合に蓄積される電荷であるが，定電流源により一定の割合で電荷が蓄積されたのち，縦軸上で電荷幅が e を超えた瞬間トンネリングが生じ，電荷はリセットされるという**発振現象**に帰着することになる。この発振周期を τ とすると，充電の割合，つまり蓄積電荷の充電時間への比例定数が電流 I であるので，$I = e/\tau$ の関係式が成り立つことがわかる。ここで，$1/\tau = f$（発振周波数）なのでこの自発発振は

$$f = \frac{I}{e} \tag{2.97}$$

の周波数を伴うことになる。これが SET 振動と呼ばれる現象である。

トンネル接合に定電流源のみを接続し直流電流を流しているにもかかわらず自発的に交流発振が取り出せ，かつその直流電流の大きさで発振周波数を制御できるという特殊な現象であるといえる。ただし，流す電流がかなり小さくなければ，現在の高周波測定技術で確実に捕らえられるような発振領域には入らないことも式(2.97)よりわかる。例えば $f = 1\mathrm{THz}\,(= 1 \times 10^{12}\,\mathrm{Hz})$ の発振を得るためにさえ，$I = 10^{-7}\,\mathrm{A}$ オーダの電流を流さなければならない。つねに回路に $10^{-9}\mathrm{A}$ から $10^{-12}\mathrm{A}$ の電流を低ノイズで流すことが必要になるわけである。この自発発振を実験的に観察した報告例は多いが，実験上ではこの微小発振はロックインアンプでノイズを除去することで検出される場合がほとんどで

ある。

2.7 多重接合系

2.7.1 二重接合系

〔1〕 **蓄積電子数の量子化（マクロな電荷量子化）**

図2.2に示したようにクーロン階段は接合間に電子が蓄積するアイランド部が存在する多重接合系特有の現象である。その起源は帯電効果によりアイランド部に電子が離散的に蓄積することにある。まず，**二重接合系**の熱平衡状態で，静電エネルギーの観点のみから，この現象が生じることをみていくことにしよう。

図2.42に示すような回路では，キャパシタとトンネル接合からなる二重接合の間に**アイランド**が形成されるが，このアイランド部は外部とトンネル接合で絶縁されているので，外部環境との結合は小さい。さて，接合 C_s に $Q = C_s V$ の帯電電荷が存在する初期状態に対して，アイランドに n 個の電子が蓄積することによる系全体の静電エネルギーの差は

$$E_n = \frac{\{n(-e) + Q\}^2}{2(C_s + C)} - \frac{Q^2}{2C_s} \tag{2.98}$$

で与えられる。ここでアイランド内に溜まる電子の平均数 $\langle n \rangle$ はボルツマン統計を用いると

$$\langle n \rangle = \frac{1}{Z} \sum_{n=-\infty}^{+\infty} n \exp\left\{\frac{-E_n(Q)}{kT}\right\} \tag{2.99}$$

で与えられる。ただし Z は分配関数である。

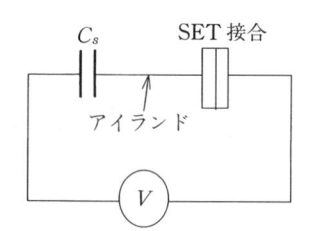

図2.42 アイランドを伴う二重接合回路

$$Z = \sum_{n=-\infty}^{+\infty} \exp\left\{\frac{-E_n(Q)}{kT}\right\} \tag{2.100}$$

つまり全電子が E_n というエネルギーを取り得る確率を1個の電子が E_n というエネルギーを取り得る確率で規格化することで，平均数が表されている。

式(2.98)は重要なことを教えてくれる。式(2.98)で E_n が最小になるのは $n(-e)+Q=0$ のとき，つまり $n=Q/e$ のときであり，図2.43(a)のように E_n を y 軸に，Q/e を x 軸にとると，$Q/e=n$ を底にした二次曲線が描ける。式(2.99)から $\langle n \rangle$ はこの E_n の増加に対して基本的には指数関数的に減少するので，E_n/kT の比に応じて $\langle n \rangle$ の Q/e への依存性が大きく異なることが理解できる。つまり $E_n/kT \gg 1$ の場合，$Q/e=n$ で $\langle n \rangle = n$ になるが，Q/e が n からずれると式(2.99)の指数関数部はすみやかに0に近づくので $\langle n \rangle = n$ が保たれる。その結果，図2.43(b)に示すように $\langle n \rangle$ の Q/e への階段状の依存特性が出現する。逆に，$E_n/kT \ll 1$ の場合，$Q/e=n$ で $\langle n \rangle = n$ は同じであるが，$Q/e=n$ からずれても指数関数部にはあまり影響は現れないので，図の点線のように n を傾きとする直線に近づく。つまり，系の静電エネルギーが熱エネルギーを無視できるくらいに大きいときのみ，アイランドに溜まる電子数は整数倍に量子化され得るのである。この現象は複数の電子数が量子化されるという意味で，一種の**マクロな電荷量子化**（macroscopic charge quantization）と呼ばれる。

前述したようにNECグループにより報告された**マクロな量子コヒーレンス**

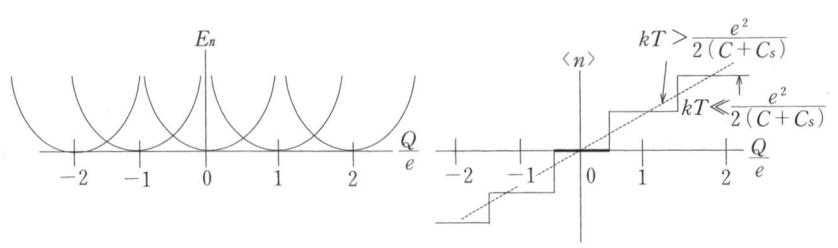

(a) アイランドに蓄積された電荷による静電エネルギー

(b) アイランド内に蓄積する電荷の量子化：マクロな電荷量子化

図2.43

は，この原理を応用している．彼らは，常伝導接合の代わりに超伝導で二重接合を形成し，単一電子の代わりに単一クーパー対のトンネリングによる帯電効果を利用し，図 2.43(a)の隣接する n, $n+1$ の二次関数曲線の交点付近での振動を観察した．その結果，微小な電流の時間に対する周期的振動を確認した．交点付近は n 個と $n+1$ 個のクーパー対の中間的数が存在する領域であるから，これはまさに n と $n+1$ の量子力学的重合せの状態に対応し，またアイランド内には n 個のクーパー対（彼らの実験では約 10^8 個）が位相コヒーレンスを保って存在するわけであるから，まさにマクロな量子コヒーレンスの出現を観察したことになる．たいへん面白い実験であるし，pA オーダの電流の振動をクリアに測定した NEC の技術力は賞賛すべきではある．しかし，実際には 1 個のクーパー対の振動を見ているだけで，直接複数のクーパー対の振動を見ているわけではないので，これをマクロな量子コヒーレンスの現れと見るかどうか，さらに検討が必要であろう．

　さて，基本的には，このアイランド内で量子化され蓄積した電子を接合両部に印加するソース-ドレーン電極の化学ポテンシャルとの整合で 1 個ずつ制御したのがクーロン階段であるし，アイランドに設置したゲート電極でドット内化学ポテンシャルをソース-ドレーンの電極化学ポテンシャルに対して整合させ，電子 1 個ずつを制御したのがクーロン振動である．

〔2〕 **クーロンダイヤモンドとクーロン階段**

　さて，つぎに外部電磁場環境の影響を考慮しながら二重接合系でのトンネル確率を計算し，印加ソース-ドレーン電圧に対して電流にクーロン階段が出現することを確認しよう．二つの接合でのトンネル確率とこのアイランド部の静電エネルギーが相互作用した結果，電流-電圧特性が決まるので，単一接合の場合に比べて話は複雑になる．

　初めに，単一接合系と比較しながら二重接合でのクーロンブロッケードを説明する．図 2.44 のような典型的な二重接合を考えた場合，電子がおのおのの接合を通ってアイランドに流入する，またはアイランドから流出するという二つのモードがあり，その結果アイランド内に電子がまったく存在できないよう

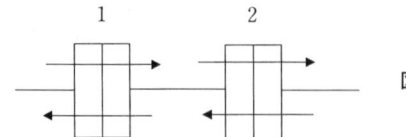

図2.44 二重接合のアイランドへの電子の四つのトンネリング過程

な電圧範囲が出現することは容易に予想される。二重接合系では外部電磁場環境との結合が小さいので，外部環境にトンネリング電子がエネルギーを放出する確率は

$$P(\kappa_i, E) = \frac{1}{2\pi\hbar}\int_{-\infty}^{\infty}dt \exp\left\{\kappa_i^2 J(t) + \frac{i}{\hbar}Et\right\} \tag{2.101}$$

で与えられる。ただし，$\kappa_i = C/C_i$ で C は合計容量であるので，$\kappa_i < 1$ がつねに成り立ち，位相相関関数 $J(t)$ の影響は式(2.37)に比べて κ_i^2 の重みで低減されていることになる。$Q = ne$ 個の電子が存在する i 番目のアイランド内に電子1個がトンネリングして流入したことによる系のエネルギー変化は

$$\begin{aligned}E_i(V, Q) &= \kappa_i eV + \frac{Q^2}{2(C_1 + C_2)} - \frac{(Q-e)^2}{2(C_1 + C_2)} \\ &= \kappa_i eV + \frac{e(Q - e/2)}{C_1 + C_2}\end{aligned} \tag{2.102}$$

で与えられる。したがって1番目の接合をトンネリングしてアイランドに電子が流入する確率は

$$\vec{\Gamma}_1(V, Q) = \frac{1}{e^2 R_1}\int_{-\infty}^{\infty}dE \frac{E}{1 - \exp(-E/kT)}P\{\kappa_1, E_1(V, Q) - E\} \tag{2.103}$$

となる。逆に，1番目の接合をトンネルバックしてアイランドから電子が流出する確率は，印加電圧と電荷を反転させればよいから

$$\overleftarrow{\Gamma}_1(V, Q) = \vec{\Gamma}_1(-V, -Q) \tag{2.104}$$

で与えられる。さらに，電子1個のアイランドからの流出は

$$\overleftarrow{\Gamma}_1(V, Q - e) = \exp\left(-E_1\frac{V, Q}{kT}\right)\vec{\Gamma}_1(V, Q) \tag{2.105}$$

の関係を満たす。つぎに，2番目の接合に関するトンネル確率の式は，1番目の接合での電荷を単に反転させればよいので，おのおの

$$\vec{\mathit{\Gamma}}_2(V,Q) = \frac{1}{e^2 R_1} \int_{-\infty}^{\infty} dE \frac{E}{1-\exp(-e/kT)} P\{\kappa_2, E_2(V,Q) - E\}$$
(2.106)

$$\overleftarrow{\mathit{\Gamma}}_2(V,Q) = \vec{\mathit{\Gamma}}_2(-V,-Q) \tag{2.107}$$

$$\overleftarrow{\mathit{\Gamma}}_2(V,Q+e) = \exp\left(-E_2\frac{V,Q}{kT}\right)\vec{\mathit{\Gamma}}_1(V,Q) \tag{2.108}$$

で与えられる.さて,ここで外部電磁場環境が二重接合系での単一電子トンネリングに与える影響を簡単にみるために,まず外部インピーダンスが零の場合を考える.$P(\kappa_i, E) = \delta(E)$ であるので式 (2.103) より

$$\vec{\mathit{\Gamma}}_1(V,Q) = \frac{1}{e^2 R_1} \frac{E_1(V,Q)}{1 - \exp\{-E_1(V,Q)/kT\}} \tag{2.109}$$

となる.この式は $T = 0\,\mathrm{K}$ で

$$\vec{\mathit{\Gamma}}_1(V,Q) = \frac{1}{e^2 R_1} E_1(V,Q) \Theta\{E_1(V,Q)\} \tag{2.110}$$

となる.したがって,$E_1(V,Q) < 0$ のとき,つまり式 (2.102) より $V + 1/C_2(Q - e/2) < 0$ であれば,このトンネル確率は 0 になり,クーロンブロッケードが出現することがわかる.他の三つのトンネル確率についても同様の議論が可能であり

$$\vec{\mathit{\Gamma}}_1(V,Q) = 0, \qquad V + \frac{1}{C_2(Q - e/2)} < 0 \tag{2.111}$$

$$\overleftarrow{\mathit{\Gamma}}_1(V,Q) = 0, \qquad V + \frac{1}{C_2(Q + e/2)} > 0 \tag{2.112}$$

$$\vec{\mathit{\Gamma}}_2(V,Q) = 0, \qquad V - \frac{1}{C_1(Q + e/2)} < 0 \tag{2.113}$$

$$\overleftarrow{\mathit{\Gamma}}_2(V,Q) = 0, \qquad V - \frac{1}{C_1(Q - e/2)} > 0 \tag{2.114}$$

が成り立つ.これは,図 **2.45** のように縦軸をアイランド電荷 Q,横軸を電圧 V にとったとき,$Q = ne$ を基準として形成される菱形内ではクーロンブロッケードのため,アイランドに存在する電子数が整数倍 ne に固定された状態で,系のエネルギーが安定になっていることを意味する.菱形の形状から**クー**

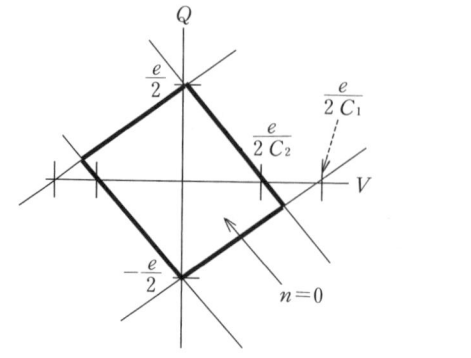

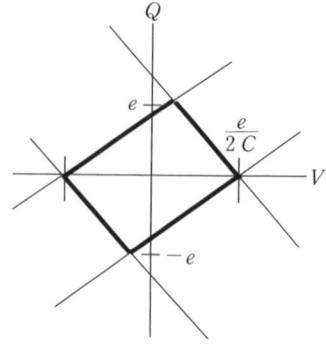

(a) 低インピーダンス環境　　　(b) 高インピーダンス環境

図2.45 クーロンダイヤモンド。図2.44に基づいたクーロンブロッケードによるアイランド内電子数量子化

ロンダイヤモンドとも呼ばれる。

例えば，$n=0$ であれば図(a)に示すように，$V=\pm e/2C_2$ または $\pm e/2C_1$ を通り，$Q=\pm e/2$ と交わるような直線で囲まれた領域がこのダイヤモンドとなり，ここでは電子が存在し得ない。

つぎに，$n=1$ のときはおのおの e/C オフセットがかかることになり，右に隣接してダイヤモンドが現れる。この領域ではアイランドに電子が1個入った結果，エネルギーが安定になるわけである。こうしておのおのの ne を基準として電圧軸上で e/C ずつオフセットがかかったクーロンダイヤモンドが図上に並ぶことになる。各ダイヤモンド間では電子がトンネリングし得るので，例えば電圧を増加させることで，隣接したダイヤモンド領域内に移ることができ，アイランドに出入りする電子が1個ずつ制御されることになる。

もっと簡単に解釈すると，例えば電子1個がドット内に存在する場合の帯電エネルギーにより増加するドットの化学ポテンシャルよりソース側電圧エネルギーが低ければ，クーロンブロッケードのため電子はどちらの接合からもドット内にトンネリングできない。これが $n=0$ のクーロンダイヤモンド電圧範囲であり，これを超えるよう電圧を増加したとき $n=1$ のダイヤモンドの電圧領域に入る。しかし，このときまだ電子2個分の帯電エネルギーにより形成

される化学ポテンシャルまではソース側電圧は到達しないので，このダイヤモンドの電圧範囲が続くわけである。

　重要な点の一つは，単一接合の場合，低インピーダンス環境ではクーロンブロッケードは出現しなかったのに対して，二重接合の場合は式(2.111)～(2.114)で与えられる $Q = ne$ に基づくアイランドの帯電効果がクーロンブロッケード領域を与えることがわかる。

　また，単純に考えれば，このアイランド内に蓄積した電子はドレーン側の化学ポテンシャルがドット内化学ポテンシャルより低ければ，しばらくドットに滞在したのち，ドレーン側に流出できる。これは各クーロンダイヤモンド電圧範囲において $Q = ne$ 個の電子について可能であるので，この定常的な流れは，結果として**クーロン階段**として観察される。もちろんこれはかなり荒っぽい話で，正確には各接合容量 C_1, C_2 の大きさに応じて詳細な計算が必要となる。例えば3章の図3.8に示す二重トンネル接合系のMullenらによるモンテカルロシミュレーションの結果のように，トンネル抵抗・容量ともに非対称な場合のみ，クリアなクーロン階段が出現するというのも一つの解である（彼らの計算は抵抗量子などの詳細な物理的描像は含んではいないが）。

　さて，つぎに高インピーダンス環境の場合を考える。この場合，エネルギー放出確率は

$$P(\kappa_i, E) = \frac{1}{\sqrt{4\pi\kappa_i^2 E_c kT}} \exp\left\{-\frac{(E - \kappa_i^2 E_c)^2}{4\pi\kappa_i^2 E_c kT}\right\} \quad (2.115)$$

で与えられる。$T = 0\,\mathrm{K}$ で $P(\kappa_i, E) = \delta(E - \kappa_i^2 E_c)$ となるので1番目の接合の順方向トンネル確率は

$$\vec{\Gamma}_1(V, Q) = \frac{1}{e^2 R_1}\{E_1(V, Q) - \kappa_i^2 E_c\}\Theta\{E_1(V, Q) - \kappa_i^2 E_c\} \quad (2.116)$$

で与えられる。したがって，この場合，電子がアイランド内に存在し得ない電圧領域は

$$\vec{\Gamma}_1(V, Q) = 0, \qquad V + \frac{Q}{C_2} - \frac{e}{2C} < 0 \quad (2.117)$$

$$\overleftarrow{\Gamma}_1(V, Q) = 0, \quad V + \frac{Q}{C_2} + \frac{e}{2C} > 0 \tag{2.118}$$

$$\overrightarrow{\Gamma}_2(V, Q) = 0, \quad V - \frac{Q}{C_1} - \frac{e}{2C} < 0 \tag{2.119}$$

$$\overleftarrow{\Gamma}_2(V, Q) = 0, \quad V - \frac{Q}{C_1} + \frac{e}{2C} > 0 \tag{2.120}$$

のようになる．$C < C_1, C_2$ なので図2.45（b）に示すように低インピーダンスの場合より，より大きい電圧範囲で電子が存在し得ないことになる．

〔3〕 **クーロン振動**

さて，前述の二重接合のアイランドに，図2.3のように，第三の電極であるゲート電極を設けよう．このゲート電圧 $V_G = Q_0/G_G$ で前節〔2〕の $Q = ne$ にオフセットをかけることでクーロンダイヤモンドの形が変わることは容易に推測できる．例えば，$Q = 0$ のとき $Q_0 = e/2$ というオフセット電荷を加えると，ダイヤモンドは閉じてしまい，$n = 0$ の安定領域は消えてしまう．つまり，$Q = ne$ を固定する固定ソース電圧下でもゲート電圧により Q を $Q + Q_0$ に変えることで実効的なアイランド内電子数を制御できる．ゲート電極がない場合には，ソース電圧を変えることで異なる Q（電圧）上に位置するクーロンダイヤモンド領域へ遷移できたが，この場合は逆にソース電圧は固定しておいて，クーロンダイヤモンド自体をその固定ソース電圧上に移動させることに相当する．もちろん，これもおおざっぱな話であり，正確にはゲート容量を含めた詳細な計算で証明されている．

単純な解釈では，これは**図2.46**に示すように，固定されたソース電圧下で，ドット内の化学ポテンシャルをゲート電圧で上下させソース-ドレーンの化学ポテンシャルに整合を図ることを意味する．電子1個のドット内への帯電エネルギー分の幅をドット内の化学ポテンシャルが動いて，ソース側化学ポテンシャルを横切るたびに，ドット内電子が1個ずつ増減するわけである．このときドレーン側の化学ポテンシャルとの整合がとれれば，電子は1個ずつドット外に流出する．これは図2.3に示したような**クーロン振動**として観察される．この現象は，半導体量子ドットでの共鳴トンネリング（ドット内に存在する量子

2.7 多重接合系   113

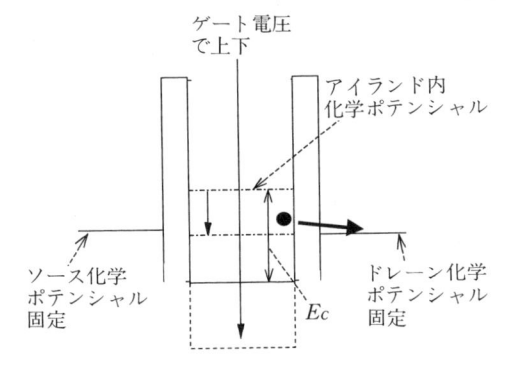

図 2.46 クーロン振動：二重接合アイランド内の化学ポテンシャルのゲート電圧による制御

準位とドット両端の化学ポテンシャルが整合した場合に電子のトンネリング確率が極大になる現象）と似ているが，帯電エネルギーが関与している点で大きく異なっている．

クーロン振動は多くの系で非常にクリアに実験的に観察されており，逆にこの現象が観察されることで，その系で単一電子トンネリングが生じている強い証明となっている．4 章の図 4.9 で示す人工原子で観察されるクーロン振動などは，この典型例である．また 3 章の図 3.20 で示す単層カーボンナノチューブでのクーロン振動は，カーボンナノチューブという分子材料でない物質でも単一電子トンネリングが生じていることを証明した典型的な例であろう．

2.7.2 接合アレー系

これまで説明してきたのは，主として単一接合系，二重接合系の場合である．これに対して，さらに接合数を増やして一次元，二次元の**接合アレー**を形成した場合，新たに面白い現象が出現する．ここではそれについて説明する．

〔1〕 1 段の一次元アレー

まず，微小トンネル接合を直列に複数結合し，一次元トンネル接合アレーを形成した系では，いったいどういう面白い現象が生じるであろうか？ 結論からいうと，この場合，電荷ソリトンなるものが発生しアレーの中を走行するこ

とになる。それは以下のように説明できる[39]。

図 2.47(a)に示すような容量 C，抵抗 R を持つ単一電子トンネリング接合の一次元アレーを考える。接合間のアイランド電極はアースとの間に自己容量 C_0 を持つ。2個隣のアイランド電極とは容量結合がないと仮定すると，i と j の間の結合容量は

$$C_{ij} = \left\{ \begin{array}{ll} C_0 & (i-j=0 \text{のとき}) \\ C & (i-j=1 \text{のとき}) \\ 0 & (i-j>1 \text{のとき}) \end{array} \right. \quad (2.121)$$

となる。さて，このような無限に長い一次元アレーの k 番目のアイランド電極に電子を1個放り込むと，$V = -e/C_{\text{eff}}$ なるポテンシャルが発生する。ここで有効容量 C_{eff} は $C_{\text{eff}} = C_0 + 2C_h$ で図 2.47(b)に示すようにこのアイランド電極の左右のすべての容量（C_h）の片側がぶらさがることになる。ここで $C_h^{-1} = C^{-1} + (C_0 + C_h)^{-1}$ なので

$$C_h = \frac{1}{2}(\sqrt{C_0^2 + 4CC_0} - C_0) \quad (2.122)$$

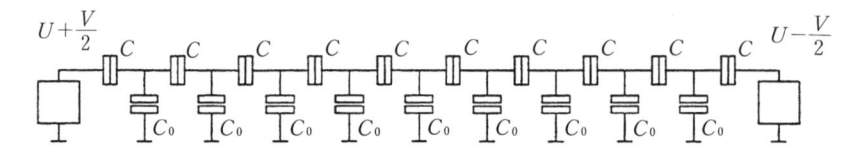

（a） SET 接合の一次元アレー模式図。C は接合容量，C_0 はアイランドの自己容量。また U は共通電圧，V は各接合部での U からの電位差

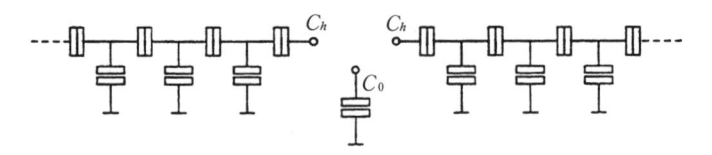

（b） ある接合部に対する有効容量 C_{eff} の構成要素。C_0 は自己容量，C_h は片側に無限個接続された一次元アレーの合計容量

図 2.47 (P. Delsing : *Single Charge Tunneling*, edited by H. Grabert and M. H. Devoret, NATO ASI B-294, p. 249, Plenum Press, New York (1991))

$$C_{\text{eff}} = \sqrt{C_0^2 + 4CC_0} \tag{2.123}$$

となる。さらに $C \gg C_0$ の場合は C_0^2 が無視できるので

$$C_{\text{eff}} = \sqrt{4CC_0} \tag{2.124}$$

で表される。ここで，i 番目のアイランド電極と電子が存在する k 番目の電極との間のポテンシャルは

$$V = -\frac{e}{C_{\text{eff}}}\left(\frac{C}{C + C_0 + C_h}\right)^{|i-k|} \tag{2.125}$$

で表される。これは $i = k$ であれば，もちろんポテンシャルは自分自身の $V = -e/C_{\text{eff}}$ であるが，C を一つ挟んだ隣のアイランド電極との電位差は，そのアイランドから見た片側半無限の全合計容量と接合容量 C の比に比例して落ちることを意味しており，さらにアイランドが離れるにつれ，そのべき乗で落ちていくことを示している。この式(2.125)は指数関数に近似でき

$$V = -\frac{e}{C_{\text{eff}}}e^{-|i-k|/M} \tag{2.126}$$

となる。ここで

$$M^{-1} = \ln\left(\frac{C_{\text{eff}} + C_0}{C_{\text{eff}} - C_0}\right) \tag{2.127}$$

はポテンシャルの落ち方を決める定数である。$C \gg C_0$ の場合は，式(2.124)より

$$M = \sqrt{\frac{C}{C_0}} \tag{2.128}$$

と近似できる。この結果，電子1個が入った k 番目のアイランド電極を中心とした一次元アレー内でのポテンシャル分布は**図 2.48** のようになる。この電極を中心に左右に約 $2M$ 個の接合数幅を持って指数関数的にポテンシャルは減少する。図からわかるように，このピークは非常にシャープで，かつこの電子の移動とともに形状を保ちながら移動する。その意味で**電荷ソリトン**と呼ばれる。

　ソリトンとは，孤立波という意味で波動の一種の波であり，有機伝導体の電荷・スピン密度波，電気回路など，さまざまな自然現象・物質系で観察される。

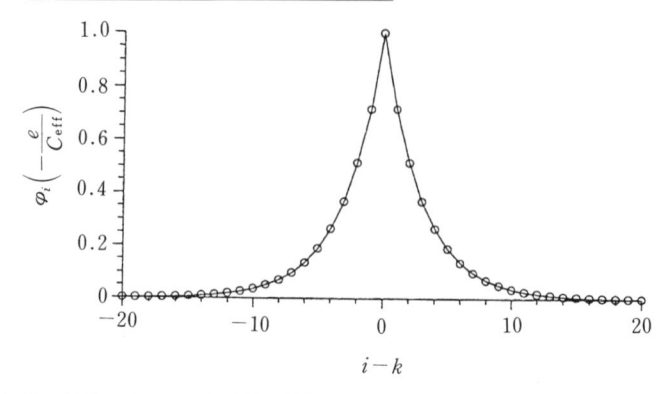

図 2.48 電荷ソリトン。k 番目の電極アイランド部に置かれた単一電子によるその近辺の電位分布
(P. Delsing : *Single Charge Tunneling*, edited by H. Grabert and M. H. Devoret, NATO ASI B-294, p. 249, Plenum Press, New York (1991))

また，アレーの端から，この電荷ソリトンを注入するために必要なしきい値電圧は

$$V_t = \frac{e}{2C_{\text{eff}}}(1 + e^{-1/M}) \tag{2.129}$$

で与えられる．これは空間的な広がり分までを含めたアレー中の電荷ソリトンの持つ帯電エネルギーであり，これを超える印加電圧で，初めて次の電荷ソリトンが注入され得ることを意味しており，単一電子トンネリング電圧ならぬ単一電荷ソリトントンネリング電圧とでも呼べる式である．

複数の電荷ソリトンに関する振舞いはさらに面白い．一つの電荷ソリトンがアレーに入ることにより，系のエネルギー状態を安定させるためにアレー中にすでに存在している他のソリトンはもう一方の端から押し出されようとする．つまり定電圧源，または電流源を接続しているだけなのに，ソリトンの振舞いは時間依存性を持つことになる．エネルギー条件によっては複数のソリトンがアレー中に存在し得るが，つねに他のソリトンを遠ざけようとする振舞いは同じであり，その結果，等間隔で整列しようとする．これは擬一次元のウイグナー結晶にたとえられる．

また，電子1個をアイランド電極から取り去ると逆の電荷，つまり正電荷を

持ったソリトン（**アンチソリトン**）が発生する。正負のソリトンは相互作用して分極（**双極子モーメント**）を形成したほうが系のエネルギー状態は安定する。その意味では一次元アレー自身をその端で対称に折り返した，つまり端に置いた鏡に映したようなもう一つのアレーを考えると，もとのアレーの k 番目に電荷ソリトンが存在する場合，鏡の中のアレーの $-k$ 番目にアンチソリトンが存在することになる。これはつぎに述べるように，一次元アレーを 2 段に容量結合させた場合に，電圧・電流源を接続していないにもかかわらず，2 段目のアレーに，1 段目アレーの電子ソリトンと対を組む正孔ソリトンが出現する現象にもつながる。

〔2〕 2段容量接続した一次元アレー

(1) ミラー回路

そこで，この現象，**ミラー効果**についてここで説明する。図 2.49 にミラー回路の例を示す。この回路の特徴は，上段は電圧源が接続されているのに対して，下段はフローティングである。ここで，アレー間の結合容量 C_i を各アレー内の接合容量 C_j より大きくし（$C_i > C_j$），アレー同士のカップリングを強くしたとき，前述したように，きわめて興味深いことに，上段アレー中の電子の電荷ソリトンに伴われた正孔ソリトンが下段アレー中に発生し，分極対を組んでアレー中を走行する現象が見られる。結果として下段には電流・電圧源が接続されていないにもかかわらず，**正孔電流**が流れることになる。

原理的には，この現象は容易に理解できる。つまり，アレー間のカップリングが小さい場合（つまり 1 段アレーの場合），前述したように電荷ソリトンを中心とした系の静電エネルギーのオーダは，$e^2/2C_j$ になる。前述の議論では

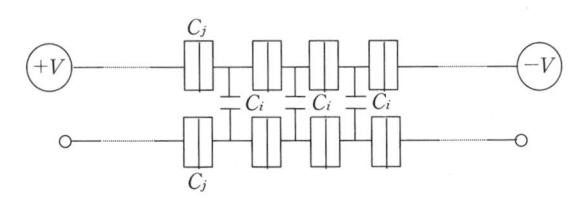

図 2.49 ミラー回路の例

中心とした系の静電エネルギーのオーダは，$e^2/2C_j$ になる．前述の議論では正確には

$$\frac{e^2}{2C_{\text{eff}}}e^{-2|i-k|/M} \qquad (2.130)$$

である．これに対して，アレー間の結合容量が大きい場合，静電エネルギーのオーダは，$e^2/2C_i$ になる．明らかに，$e^2/2C_j \gg e^2/2C_i$ なので，系のエネルギー状態としてはこの2段結合のほうが得で，安定である．つまり1列目アレーのあるアイランドに存在する電子の電荷ソリトンに対応して，対向するアイランドにアンチソリトン，正孔の電荷ソリトンが導入され，電子ソリトンと結合することで，系の静電エネルギー状態は安定する．

　この現象はいわゆる一種の**コトンネリング**と呼ばれるものである[40]．クーロンブロッケード電圧内では，基本的には電子のトンネリングは禁止されるべきである．しかし，2個以上の電子が共同してトンネリングを行う（コトンネリング）ことで，クーロンブロッケード状態に比べて，系が静電エネルギーとして得をするのであれば，ブロッケード電圧内でもトンネリングは起き得る．このコトンネリングは，さまざまな場合に起き，ブロッケードが効かなくなるので，回路の誤動作につながる．これを回避するためのいくつかの方法も提案されている．

　この場合，1列目の接合アレーのクーロンブロッケードで生じる電子ソリトンにより引き起こされる静電エネルギーの上昇が，2列目アレーの対向するアイランドから反対方向に電子がトンネリングし排出されること，つまり正孔ソリトンが導入され，電子ソリトンとペアを作ることで，抑えられるのである．したがって，2列目に電圧源・電流源を接続しなくとも，正孔ソリトンが発生し，1列目の電子ソリトンに引きずられて伝搬するのである．

　M. Matters, J. M. Mooij らは，図 2.50 に示すような回路を実験的に作製し，図 2.51 に示すように1段目と2段目で大きさが等しく極性が逆の電流-電圧特性を出現させること，つまり**電子-正孔対電流**の観察に成功している[41]．

　特に，図 2.52 の零電圧付近で，この効果は顕著であるが，彼らはこれを，

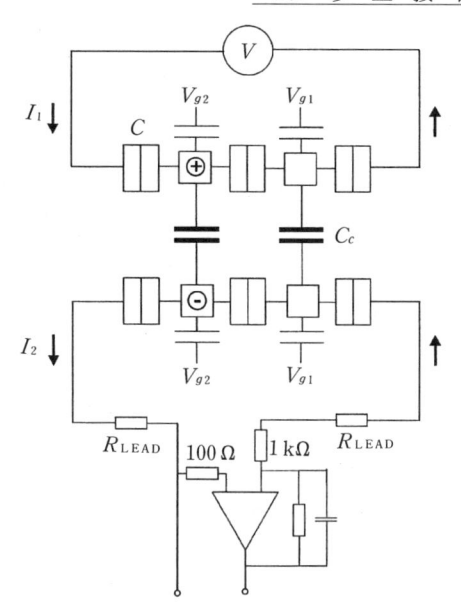

図2.50 MatterらのミラR効果の実験回路。上段アレーのみに電源電圧が接続され，下段アレーには微小電流を増幅検出するための増幅器が接続されている。アイランドに接続されたゲート電圧はオフセット電荷を調整するために使用される。
(M. Matters, J. J. Versluys and J. E. Mooij, Phys. Rev. Lett. 78, 2469 (1997))

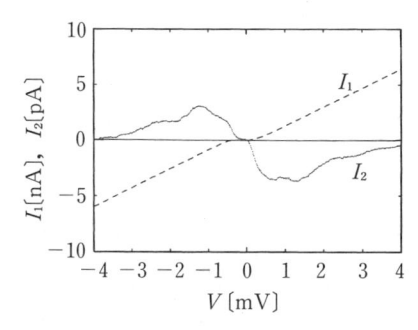

図2.51 上段の電流 (I_1) -電圧特性に対応した下段の電流特性 (I_2)
(M. Matters, J. J. Versluys and J. E. Mooij, Phys. Rev. Lett. 78, 2469 (1997))

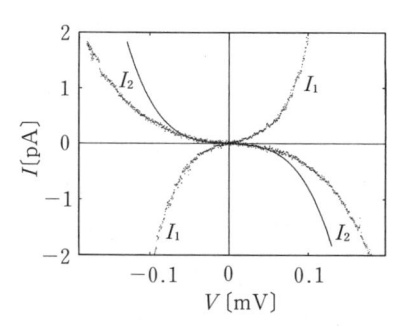

図2.52 図2.51の零電圧付近の拡大図

ここで説明したミラー電流であるとあくまで定性的に報告している。しかし，彼らが説明しているように複数接続されたアレー系での実験でもあり，多くの

寄生効果（基板上の背景電荷，接合パラメータのばらつきなど）はこの電流を破壊するように働くので，もっと精度の高いクリアな実験が必要であるのかもしれない．

この電子-正孔対は，固体物理学でいえば**エキシトン**であり，ある意味ではこの回路で意図的にエキシトンを励起・制御できる可能性がある．例えば，半導体中で発生するエキシトンと比べ，回路パラメータ（結合容量等）で束縛エネルギーを制御することができる．したがって，さらにこの回路を発展させることが期待されるが，つぎに，その一手段として，回路パラメータを不均一にした場合の例を説明する．

（2） **電荷自発分極回路：不均一な接合アレー**[42)～44)]

さて，このミラー回路でのエキシトン電流は，電子と正孔のコトンネリングによるものであったが，接合パラメータの均一性に敏感であった．ここでは，逆に，接合パラメータを意図的にばらつかせた結果，コトンネリングを引き起こし，エキシトン電流を出現させる構造例を説明する．これはわれわれのグループが**モンテカルロシミュレーション**により研究しているものである．**図2.53**の挿入図に示すのがその基本セル回路である．

ミラー回路と大きく異なるのは，電圧源は両段とも接続されている点，回路右上のトンネル接合のトンネル抵抗が他の接合に比べて大きくしてある点，である．この結果，図2.53に示すようにクーロンブロッケード電圧内であるにもかかわらず，エキシトン（電子・正孔）対がアイランド間に発生するが，ミラー回路と異なるのは，このエキシトン数が増大する点である．この現象を**電荷自発分極**とわれわれは呼んでいる．これはつぎのように解釈される．抵抗の大きい右上のトンネリングに電子が要する時間は他の接合に比べ大きいので，結果として系外部からみると，上のアイランドに電子が蓄積していることになる．アイランド間は強く容量結合されているため，ミラー回路と同様に系のエネルギー安定のために正孔が下のアイランドに蓄積され，上のアイランドに蓄積された電子電荷を補償し，みかけ上は系を中性にする．これによりさらに電子・正孔のトンネリングは助長され，アイランド間の電子-正孔対の数が増え，

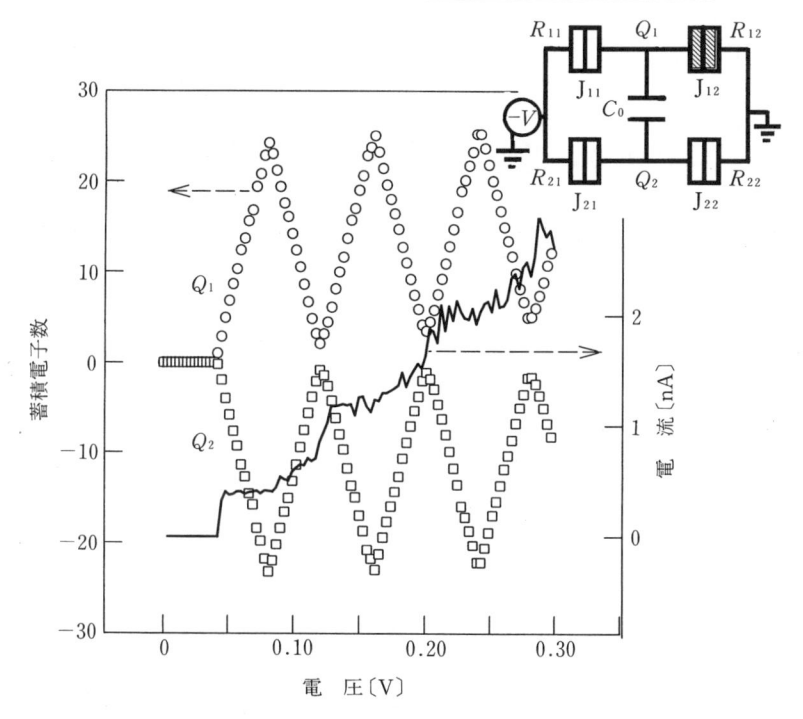

図 2.53 挿入図の回路での自発分極波を示すアイランド蓄積電子数-電流の電圧依存性。蓄積電子数の負の数は正電荷（正孔）の蓄積を意味する。
挿入図：筆者らの提案する不均一な構造パラメータを導入した二重接合アレー。各接合のパラメータは，トンネル抵抗 $R_{11} = R_{21} = 0.1\text{M}\Omega$，$R_{22} = 10\text{M}\Omega$，$R_{12} = 1\text{G}\Omega$，接合容量 $C_{ij} = 1\text{aF}$，またアレー間結合容量 $C_0 = 100\text{aF}$ である。つまり J_{12} のトンネル抵抗が最大に設定してある。Q_1，Q_2 はアイランド蓄積電荷

分極振幅が増大するのである。しかし，クーロン階段が1段ステップする電圧に達すると系のすべての電荷状態がリセットされるため，この自発分極は消滅し，再度つぎのクーロン階段ステップで成長し始める。

ここでの古典モンテカルロシミュレーションは最も簡単な動作の様子だけを観察するために，非常に単純な条件下で行われている。つまりクーロンブロッケードのオーソドックス理論に基づき，グローバル則で低インピーダンス外部環境のもとで実行されており，外部インピーダンスの影響，背景電荷，スピン相互作用，アイランド内の量子効果などの影響はまったく考慮されていない。

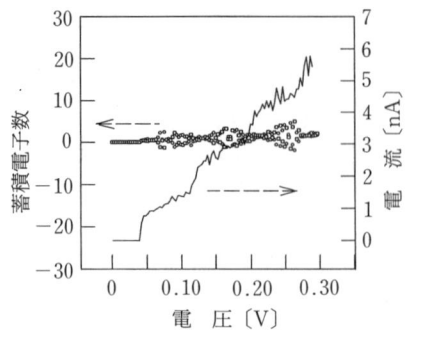

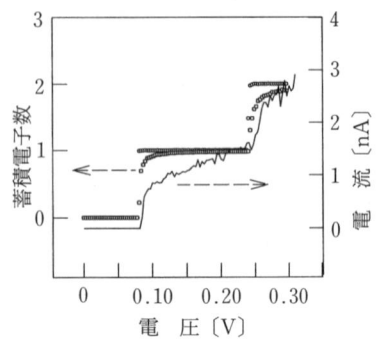

(a) 図2.53で $R_{12} = 10\text{M}\Omega$ の場合　　(b) 図2.53で $C_0 = 0.01\,\text{aF}$ の場合

図2.54 アイランド蓄積電子数-電流の電圧依存性

　実際に，図2.53の回路でアイランド間の結合容量を小さくした場合，またトンネル抵抗を均一にした場合は，**図2.54**のようにこの分極は発生しない。

　ここまでは二重接合の容量結合系であったが，この不均一なトンネル接合の並びを保持しつつ，さらに各段の接合数を増やし，**図2.55**の挿入図に示すような一次元アレーの**2段容量結合系**にした場合，さらに面白い結果が得られる。図2.55にその結果を示すが，図2.53の自発分極が隣接するアイランドごとに反転して出現することがわかり，これを**自発分極波**と呼んでいる。これも単純には，以下のように理解できる。つまり，左側電圧源から注入される電子は，抵抗の大きいトンネル接合の左に位置するアイランドには平均的に過剰に蓄積し，対向するアイランド間に自発分極が生じるが，これとは逆に右側電圧源から注入される正孔は，接合の右側アイランドに蓄積するので，逆の極性の自発分極が形成され，結果として，正負が反転していく自発分極波が形成される。ただしこの結果は，電子，正孔の注入をシミュレーション上どのように設定したか（例えば，左端電圧源からのみ電子は注入されるのか，もともと中性であるアイランド内で電子・正孔が生まれ，印加電圧に応じて分離していくことを可能にしたのかなど）に強い依存性を持つので，最も現実に近いモデルを選んでシミュレーションすることが重要になる。

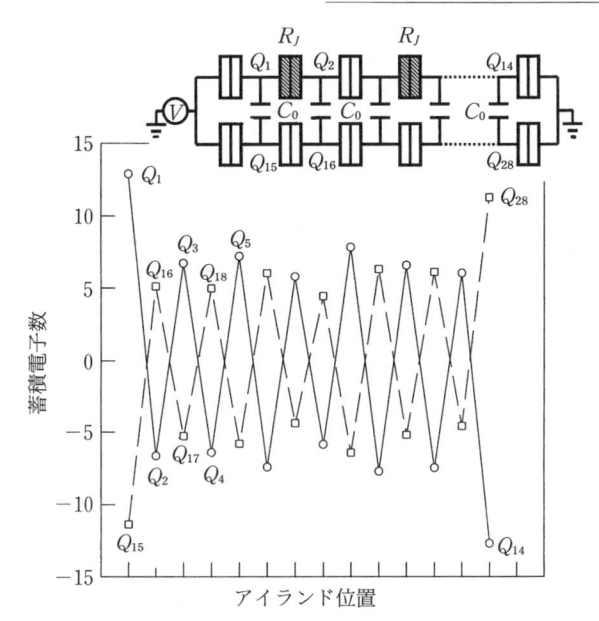

図 2.55 挿入図の回路での自発分極波を示唆する各アイランド蓄積電子数。電圧は蓄積電荷数が最大になる点に固定されている。
挿入図：図 2.53 回路の多段接続により形成される一次元アレーの 2 段容量接続。上段トンネル抵抗が一つおきに極大になっている。

さて，ここまでは静特性の話をしたが，動特性についても簡単に説明する。**図 2.56** はこの電源電圧を高周波動作させて分極振幅の様子をみた結果である。高周波になるにつれ，振幅が減衰し，分極が消えていくことがわかる。この理由は図 2.53 より明らかになる。**図 2.57** は各トンネル抵抗の比を固定しながら，抵抗の絶対値を図 2.56 の値に比べて上げた場合と下げた場合の結果である。上げた場合は，分極波は低周波側でさえ崩れ，下げた場合は高周波まで存在することがわかる。この結果は図 2.56 に示した高周波での分極振幅減衰の理由が，最大のトンネル抵抗を持つ接合での電荷のトンネリング時間と動作周波数との相関にあったことを意味する。つまり，トンネリング過程が終了する前に電圧が切り替わってしまっては電荷の蓄積に関する一連のプロセスはすべて不安定になり，分極振幅は減衰する。トンネリング過程が十分に追随する周波数では分極は安定であるが，追随しない高周波数では振幅は減衰するのであ

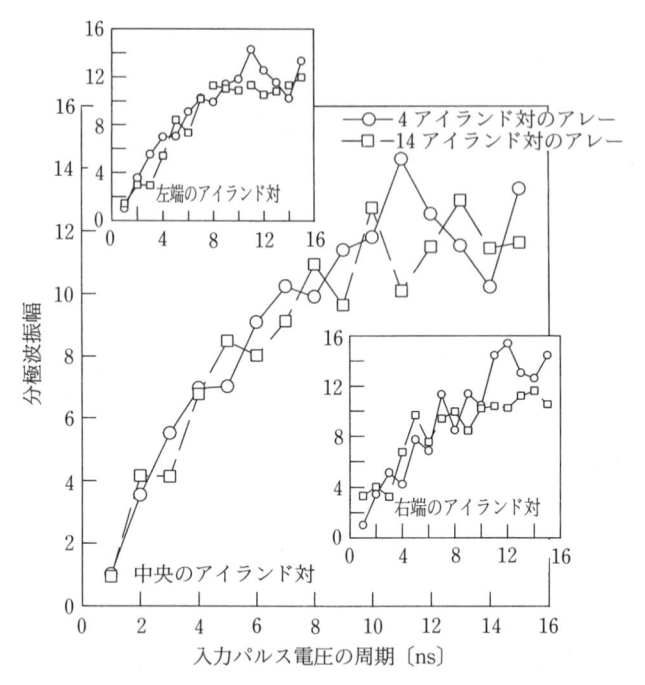

図 2.56 図 2.55 の自発分極波振幅の高周波での減衰。横軸は入力パルス電圧の周期。
4 個と 14 個のアイランド対を持つアレーの，中央部付近のアイランドでの結果
挿入図：アレー左端（上挿入図），右端（下挿入図）アイランドでの結果

る．したがって，抵抗量子より高いトンネル抵抗を維持しながら抵抗をできるだけ下げていくことで，この分極を高周波まで残すことが可能になる．ただし，このシミュレーション結果もシミュレーションの設定に注意しなければならない．つまり，モンテカルロの一般的手法として，トンネリングが確率的事象であることを導入するために乱数をトンネル確率にかけるが，この結果は乱数の値に敏感であるので，注意深い設定が必須になる．

さて，この自発分極はもちろん電子・正孔のコトンネリングの結果であったが，電子同士のコトンネリングを 1 セルのみに設定した場合の結果を**図 2.58**に示す．面白いことに，自発分極波はこの場合でも完全には消滅せずに残ることがわかる．

さらに，**図 2.59** にこの系統の**接合セルアレー**の応用例として提案されてい

2.7 多重接合系   125

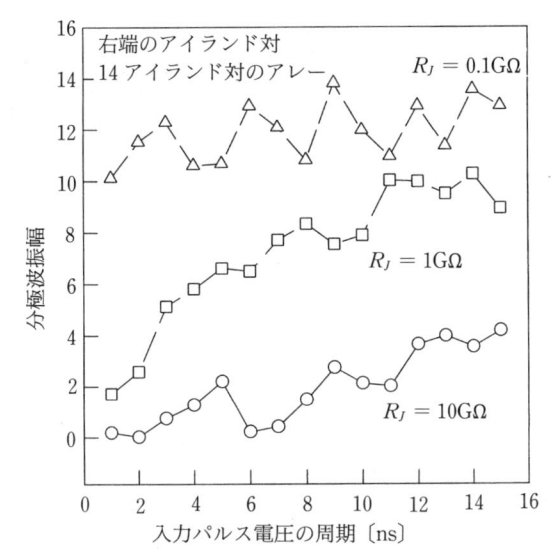

図 2.57 高周波での振幅減衰のトンネル抵抗依存性。R_J は極大抵抗の値で，各回路で接合間のトンネル抵抗比を一定に保ちながら，トンネル抵抗の値が低減されている。

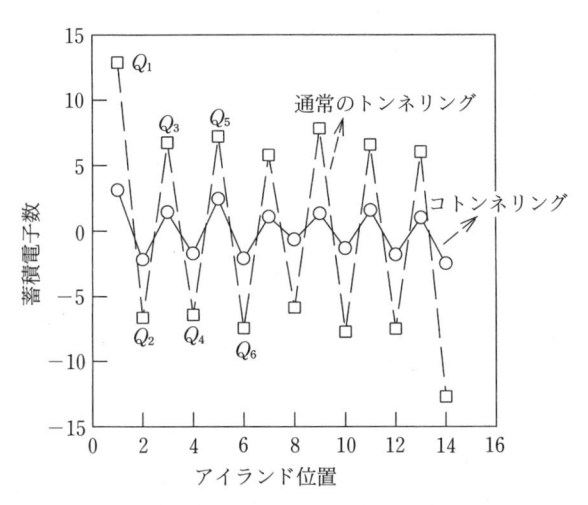

図 2.58 電子間のコトンネリングを考慮した場合の図 2.55 の回路上段での自発分極波

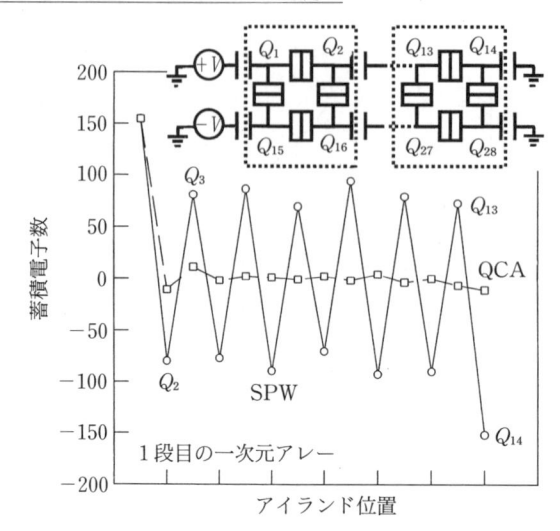

図 2.59 量子セルオートマトン回路での分極の伝搬。
挿入図：量子セルオートマトン回路例

る**量子セルオートマトン**（QCA）との比較を示す．挿入図がその QCA の回路図である．この詳細は 5 章で説明するが，この回路と比べて，われわれの回路ではセル数が多くても振幅の減衰が小さいことがわかる．もちろん電圧のかけ方も違うのであるが，原理をうまく利用すれば素子としても有望であろう．

この現象がどれだけ現実的なものであるかは，いろいろな点でまだ疑問が残るところであり，実験による調査が期待される．実際の系においてこの現象が確認できれば，前述した量子セルオートマトンへの適用が可能であるかもしれないし，逆にトンネル抵抗のばらつきが容量結合された近隣のアイランドとの間に分極を生じさせるのであれば，回路誤動作を招く可能性もある．

〔3〕 **二次元アレー：電荷 KTB 転移**

さて説明してきた一次元接合アレーをさらに多段接続し，微小トンネル接合の**二次元アレー系**を形成すると，どのような現象が観察されるであろうか？常伝導電極で形成した場合，転移温度以下では絶縁体であるが，転移温度以上では電荷ソリトンが走行し導体になるという，**電荷 KTB**（Kosterlitz-Thouless-Berenovskii）**転移**が，超伝導体で形成した場合，超伝導-絶縁体転移，

渦糸 KTB 転移が発生することが理論的には予想されている[45]。

まず，常伝導体電極の場合を考えよう．微小接合の持つ帯電エネルギーより小さい熱エネルギーしか持たないような低温では，帯電効果が電子の伝導を支配するので，クーロンブロッケードが効いている系の基底状態は基本的には絶縁体である（図 2.60(a)）．ただし，二次元接合アレーでは複数の接合が存在するので，偶然的なトンネリングや熱励起による電子の移動が数箇所の接合で起きる可能性が存在する．ところが，アレー外部，つまりアースとの結合容量 C_0 がこのアレー内部の接合容量 C に比べ小さいとき（$C \gg C_0$）は，電気力線はアレー内部に閉じ込められるので，図(a)に示すように，この電子はただちに正孔と双極子モーメントを形成することで再び基底状態に落ち込み，系のエネルギーを安定に保とうとする．その結果，すべてのこのような自由電子が正孔と対を組むので，結局伝導電子が存在せず，絶縁体としての基底状態は保持される．一次元アレーの電荷ソリトンに対する静電エネルギーの依存性が距離に対して指数関数的であったのに対して，この二次元アレーの場合のそれは対数的になる．また，二次元アレー内に閉じ込められ得る電気力線の遮へい長さは $\lambda \equiv \sqrt{C/C_0}$ で与えられる．

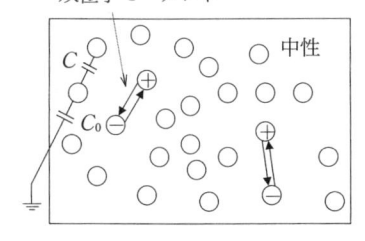

(a) 転移温度以下での中性状態

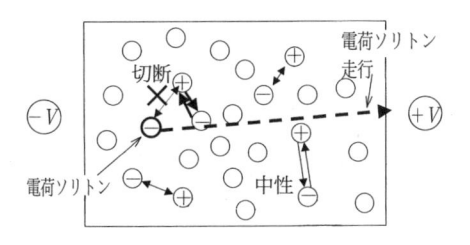

(b) 移転温度以上での双極子モーメントの切断と電荷ソリトンの発生と走行

図 2.60　SET 接合の二次元アレーでの KTB 転移．C は接合容量，C_0 は自己容量

温度が上昇するにつれて，このような偶発的な熱励起により移動する自由電子の数が増え，それらは双極子モーメントを形成するので，双極子モーメントの密度は上昇する．この結果，図(b)に示すように，$kT_{KT} = E_c/4\pi$ で与えら

れる転移温度 T_{KT} 以上では，強い結合を持つ双極子モーメントにより結合の弱い双極子モーメントの電気力線が切断されるという現象が発生し始める。結合を切られたモーメントの電子は，中性の電荷の海の中を負の電荷を持つ自由電子のソリトンとしてアレー中を走行するようになる。この結果，電気伝導が生まれ，系は絶縁体から導体へと相転移を起こす。これが電荷 KTB 転移の簡単なシナリオである。転移温度近辺では次式に従って抵抗が指数関数的に急激に変化する。

$$R = A \exp\left(\frac{2b}{\sqrt{T/T_{KT} - 1}}\right) \qquad (2.131)$$

この現象については，小林のグループがグラニュラ膜を用いて微粒子の二次元アレー系を作製し，現実のサンプルサイズは有限なので電気力線が二次元アレー外に漏れ出してしまい，KTB 転移の前駆現象しか生じないということを報告している。定量的にどのくらいの $\lambda \equiv \sqrt{C/C_0}$ を選べば，実サンプルで KTB 転移が見られるのか興味深い。

つぎに，この接合アレーを超伝導体で形成した場合を考える。アレーの面抵抗が抵抗量子 $R_Q = h/(2e)^2$ より低い場合，系は温度を下げるにつれ，そのまま超伝導転移を起こす。しかし，面抵抗が抵抗量子より高い場合，温度を下げると系は絶縁体に転移する。この現象は超伝導-絶縁体転移として知られている。前述した常伝導体での説明からこの現象を簡単に理解することが可能である。つまり，抵抗量子より接合間のトンネル抵抗が小さく，クーロンブロッケードが効かない場合は，低温で通常どおりの超伝導体になる。一方，クーロンブロッケードが効く場合は，前述したように帯電エネルギーを基底状態としたほうがエネルギーとして得になるので絶縁体となる。

また，超伝導電極の場合は，常伝導の電荷ソリトンに対応する渦糸ソリトンが形成され，KTB 転移を起こすことも報告されている。

3 単一電子トンネリングの材料系

3.1 はじめに

単一電子トンネリングが観察可能な微小トンネル接合の材料系としては，おもに
① 金属とその酸化物系
② 化合物半導体二次元電子ガス系
③ その他（有機・生体系，シリコン系，**走査型トンネル顕微鏡**（STM）での作製系

に分けられるであろう。

①の金属系としては，古くから用いられていた**金属微粒子系**は有名である。現在のような高度な微細リソグラフィ技術がない1960年代から，すでにこの方法による研究が行われ，多くの優れた実験結果が報告されている。また，微細加工技術が進展してからも，金属，またその酸化物を微小に加工し，トンネル接合を形成した系での研究が盛んである。もちろん，常伝導金属だけでなく，超伝導金属を用いた単一クーパー対トンネリングの研究もこれに属する。

②の半導体系としては，Ⅲ-Ⅴ族化合物半導体に形成される**二次元電子ガス層**をパターニングした系，**量子ドット**系などが挙げられ，現在主流となっている。

③のその他の系として，ここでは特に有機・生体系を挙げる。なかでもデルフト工科大学グループにより報告された**カーボンナノチューブ**における単一電

子トンネリングの観察は非常に興味深い。また近年では **DNA** に金を付着させてできる細線においても単一電子トンネリングらしいものが観察されたという報告もある。

もちろん素子の大量生産という産業的観点からは，シリコン基板上の単一電子回路作製も盛んであるし，室温動作する最初の単一電子メモリ素子は前述したように多結晶シリコン膜を用いて実現されている。また，量産には向かないが，とにかく微小面積のトンネル接合を作るという観点からは，STM を用いて作製された素子や STM 材料をプローブすることで実現された単一電子動作例もある。

3.2 金属微粒子系

初めに本節で，金属微粒子系での報告例をいくつか紹介することにする。微細加工技術が発達する以前はこの方法が主流であり，膨大な報告例がある。単一電子トンネリングの初めての実験的観察もこの系でなされた。基本的には表面が酸化膜で覆われた金属基板上に，複数の金属微粒子を並列に配置して二次元アレーを形成し，酸化膜で覆われたこれら微粒子をその上部に形成した金属電極でサンドイッチし，電気特性を測定したものがほとんどである。

まず，非常に古いが，**微粒子の帯電効果**を理論・実験で見事に報告した，Zeller, Giaever のすずの微粒子二次元アレーによる実験を説明する[1]。この報告は 1969 年になされている。彼らは表面が酸化されたアルミニウム基板上に複数のすず微粒子（最小直径が 5 nm 程度）をデポジットして酸化させ，さらにそれをアルミニウム基板でサンドイッチすることで，図 3.1 に示すような表面が薄い酸化膜で覆われた二次元金属微粒子の電流-電圧特性を 1 K という極低温で測定している。この温度付近ではすずは超伝導特性を示すが，磁場を印加し，超伝導と常伝導状態を切り替え，おのおのの測定結果を議論している。常伝導接合の場合，図 3.2 に示すような零電圧コンダクタンス異常が観察され，図 3.3 のようにその零電圧コンダクタンスの温度依存性がリニアである

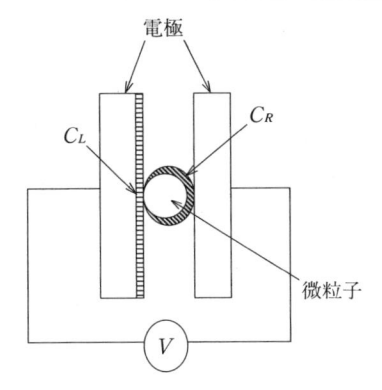

図 3.1 酸化膜に挟まれた金属微粒子のトンネル接合モデル。C_L, C_R は左右の接合容量

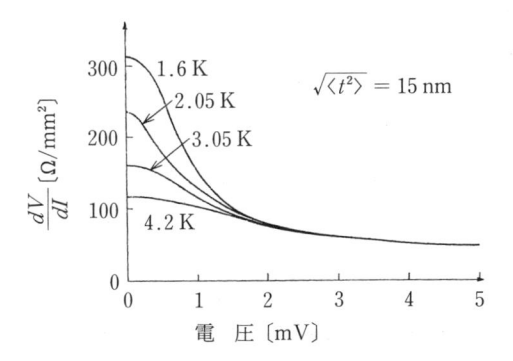

図 3.2 Zeller らの平均半径 15 nm の Sn 微粒子アレーにおける零電圧抵抗異常とその温度依存性
(H. R. Zeller and I. Giaever, Phys. Rev. 181, 789 (1969))

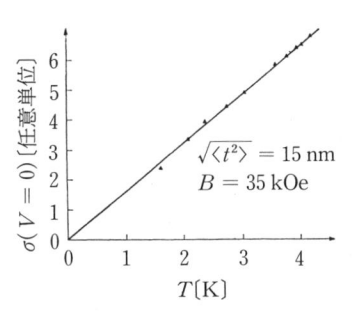

図 3.3 零電圧コンダクタンスの温度依存性。超伝導状態を除去するため磁場が印加されている。
(H. R. Zeller and I. Giaever, Phys. Rev. 181, 789 (1969))

ことを発見している。当時まだ単一電子トンネリングに関する理論は発表されていなかったが，すでに久保らによる微粒子の帯電効果の理論は世に出ていた。彼らもこれらの結果を，微粒子の**キャパシタモデル**で説明している。つまり微粒子の直径が十分に小さい場合は帯電効果によるクーロンエネルギーが微粒子への電子の出入りを支配するという話である。

まず，彼らは電子の流れる経路として，アルミ基板からすず微粒子にトンネリングしたのち微粒子中に電子が滞在し，再びもう一方のアルミ電極へ流出する，というシナリオを考えている．さて図3.4に示すように微粒子の容量Cが左右のトンネル障壁層の容量の和$C_L + C_R$で表され，また電子1個の存在が微粒子内に発生させる帯電電圧がe/Cで，そのエネルギー準位は外部電極の化学ポテンシャルとV_Dのずれを持っているとした場合，電子1個が微粒子内にトンネリングして流入してくることで系の帯電エネルギーは

$$E = \frac{1}{2}\left(\frac{e}{C} \pm V_D\right)^2 C - \frac{1}{2}V_D^2 C \tag{3.1}$$

だけ変化する．電圧が右側の障壁層から出た電子を左側の障壁層を通して粒子中に流入させるためにする仕事がこのエネルギー変化を上まわるときのみ，電子は微粒子中にトンネリングできるので，その条件は

$$V\frac{eC_R}{C} \geqq E \tag{3.2}$$

で与えられ，結局その電圧条件は

$$V \geqq \frac{C}{C_R}\left(\frac{e}{2C} + V_D\right) \tag{3.3}$$

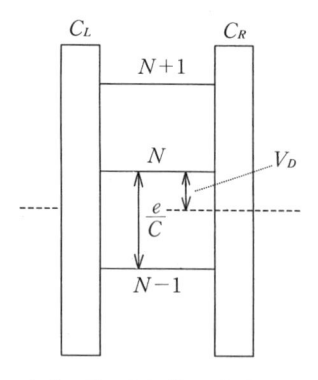

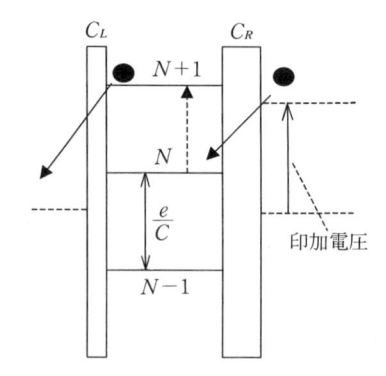

(a) 電圧印加前（平衡状態）　　(b) 電圧印加後

図3.4 帯電効果を考慮した零電圧コンダクタンス異常のモデル．$N, N+1\cdots$は微粒子中の量子化エネルギー準位．V_Dはそのエネルギー準位と外部電極の化学ポテンシャルとのずれ．ただし，図(b)は左右の容量が異なる接合を仮定している．

3.2 金属微粒子系

となる。また右側のトンネル障壁層を通って電子が流出する条件も

$$V \geqq \frac{C}{C_L}\left(\frac{e}{2C} - V_D\right) \tag{3.4}$$

で与えられる。ここで非対称なトンネル障壁層を仮定し，$C \sim C_R \gg C_L$ を導入すると，これらは

$$|V| > \frac{e}{2C} + V_D \quad V > 0 \tag{3.5}$$

$$|V| > \frac{e}{2C} - V_D \quad V < 0 \tag{3.6}$$

となることがわかる。つまりこの条件を満たす電圧範囲でのみ電流が流れ，それ以外では微粒子の帯電エネルギーにより電流が流れないのである（図3.5（a））。これはまさにこれまで述べてきたクーロンブロッケードの原理である。

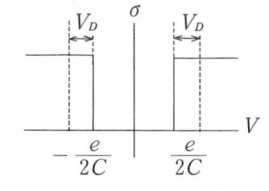

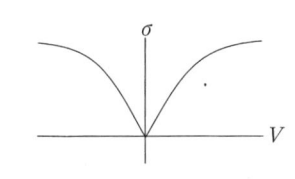

（a）1粒子の場合　　（b）容量一定の微粒子アレー　　（c）分布容量を持つ微粒子アレー

図3.5　コンダクタンス-電圧特性模式図

ここで，コンダクタンスの電圧依存性を求めるために，コンダクタンスが1個の微粒子の持つ表面積に比例することに着目すると，容量 C は表面積に比例することから，$f(C)$ 個の微粒子からなる系のコンダクタンスは

$$\sigma_1(V) = Cf(C)\int_0^{e/C} C\Theta(|V| - V_c)dV_c \tag{3.7}$$

で与えられる（図(b)）。ただし，$V_c = e/2C + V_D$ で，$-e/2C < V_D < e/2C$ の範囲にあると仮定している。さらに，微粒子系がさまざまな C から成り立っていると仮定して積分することで，全コンダクタンスが

$$\sigma(V) = \int_0^\infty dC\, Cf(C)\int_0^{e/C} C\Theta(|V| - V_c)dV_c \tag{3.8}$$

と求まる(図(c))。さらに,左右対称なトンネル障壁層にこれを拡張すると,式(3.5)〜(3.6)より

$$|V| > \frac{e}{C} + V_D, \quad V > 0 \tag{3.9}$$

$$|V| > \frac{e}{C} - V_D, \quad V < 0 \tag{3.10}$$

となるので,式(3.8)は

$$\sigma(V) \approx \int_0^\infty dC\, Cf(C) \int_0^{2e/C} C\Theta(|V| - V_c)dV_c \tag{3.11}$$

と求まる。式(3.11)を図に表すと図3.5のようになり,また彼らは実際に観察した零電圧コンダクタンス異常と,この式から求めたコンダクタンス-電圧特性が,容量 C と粒子半径の間のフィッティングパラメータを使用することで,よく一致することを報告している。

またここで,零電圧コンダクタンスには,熱エネルギーにより V_c 以上に活性化されたエネルギーを持つ微粒子のみでのトンネリングが寄与すると仮定すると

$$\sigma(0, T) = \int_0^\infty n(V_c) \exp-\left(\frac{eV_c}{kT}\right)dV_c \tag{3.12}$$

が定義できる。ここで $n(V_c)$ は eV_c 以上の活性化エネルギーを持つ微粒子の合計表面積である。V_D が全粒子で均一に分布していると仮定すると $V_c = e/C$ まで $n(V_c)$ は一定であるので,最低 $n(0)$ と置き換えることが可能で,積分の外に出せる。したがって

$$\sigma(0, T) \approx n(0)\int_0^\infty \exp\left(-\frac{eV_c}{kT}\right)dV_c \approx T \tag{3.13}$$

が得られ,これも実験結果と定性的には一致する。

前述した現在の単一電子トンネリングの話と比較すると,かなり乱暴な話で疑問点はかぎりないが,少なくとも微粒子の持つ帯電効果が零電圧付近でのコンダクタンスを低下させることを数学的に指摘し,実験結果との定性的整合を論じた貴重な論文である。

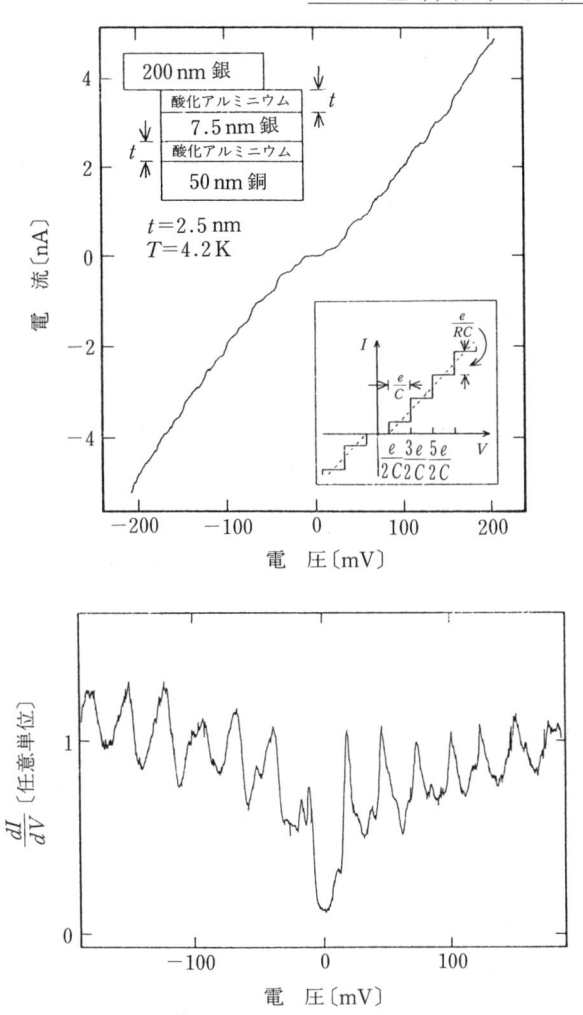

図3.6 Barnerらの実験。上挿入図に示す上下を酸化アルミニウム膜のトンネル接合で挟まれた平均直径7.5 nmの銀微粒子アレーの電流-電圧特性とそのコンダクタンス特性
(J. B. Barner and S. T. Ruggieo, Phys. Rev. Lett. 59, 807 (1987))

微粒子アレーでの面白い論文は以下に示すようにその他にも数多くある。

例えば，銀微粒子アレーでは**図3.6**に示すように初めてクーロン階段の観察に成功したとしているBarnerらの報告[2]がある。

また，モンテカルロシミュレーションにより微粒子アレーモデルでのクーロン階段の接合構造パラメータ依存性を詳しく計算し

① 接合容量とトンネル抵抗が表面積のみから決まると仮定した場合，図3.7に示すようにその分布半幅値が20％以下であればばらつきがあってもクーロン階段が消えずに残ること
② 図3.8に示すように二重トンネル接合の接合容量とトンネル抵抗の対称性にクーロン階段は非常に敏感で，トンネル抵抗，接合容量ともが極端に非対称である場合にクーロン階段が最もクリアに出現すること
③ 図3.9に示す**シャント抵抗**が存在する場合の零電圧抵抗異常の温度依存性

などを明らかにしたMullenらの報告（ただし単なるモンテカルロシミュレーションなので抵抗量子の概念は採用されていない）[3]がある。

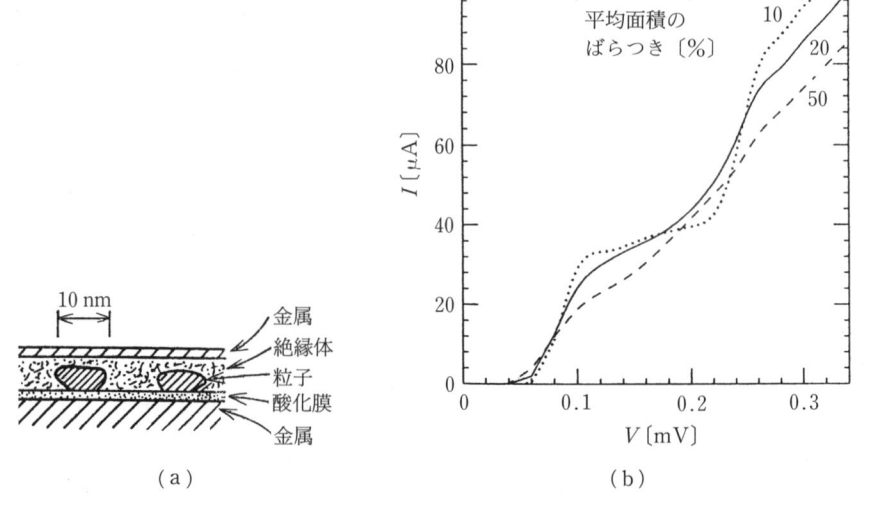

図3.7 （a）に示す非対称な二重トンネル接合で挟まれた微粒子アレーでのクーロン階段の接合面積のばらつきへの依存性（Mullenらの計算結果）。トンネル抵抗 $R_1 = 25\,\Omega < R_2 = 2\,500\,\Omega$，接合容量 $C_1 = 0.001\,\mathrm{fF} < C_2 = 0.01\,\mathrm{fF}$．$T = 10\,\mathrm{K}$。接合容量，トンネル抵抗は各面積に比例，反比例すると仮定されている。
(K. Mullen, E. Ben-Jacob, R. C. Jaklevic and Z. Schuss, Phys. Rev. B 37, 98 (1988))

(a) トンネル抵抗・接合容量ともに対称。
$R_1 = R_2 = 250\,\Omega$, $C_1 = C_2 = 0.001\,\mathrm{fF}$

(b) 容量のみ非対称。$R_1 = R_2 = 250\,\Omega$
$C_1 = 0.001\,\mathrm{fF} < C_2 = 0.01\,\mathrm{fF}$

(c) 抵抗・容量ともに非対称。
$R_1 = 25\,\Omega < R_2 = 2500\,\Omega$
$C_1 = 0.001\,\mathrm{fF} < C_2 = 0.005\,\mathrm{fF}$

(d) 抵抗のみ非対称。
$R_1 = 25\,000\,\Omega \gg R_2 = 25\,\Omega$
$C_1 = C_2 = 0.001\,\mathrm{fF}$

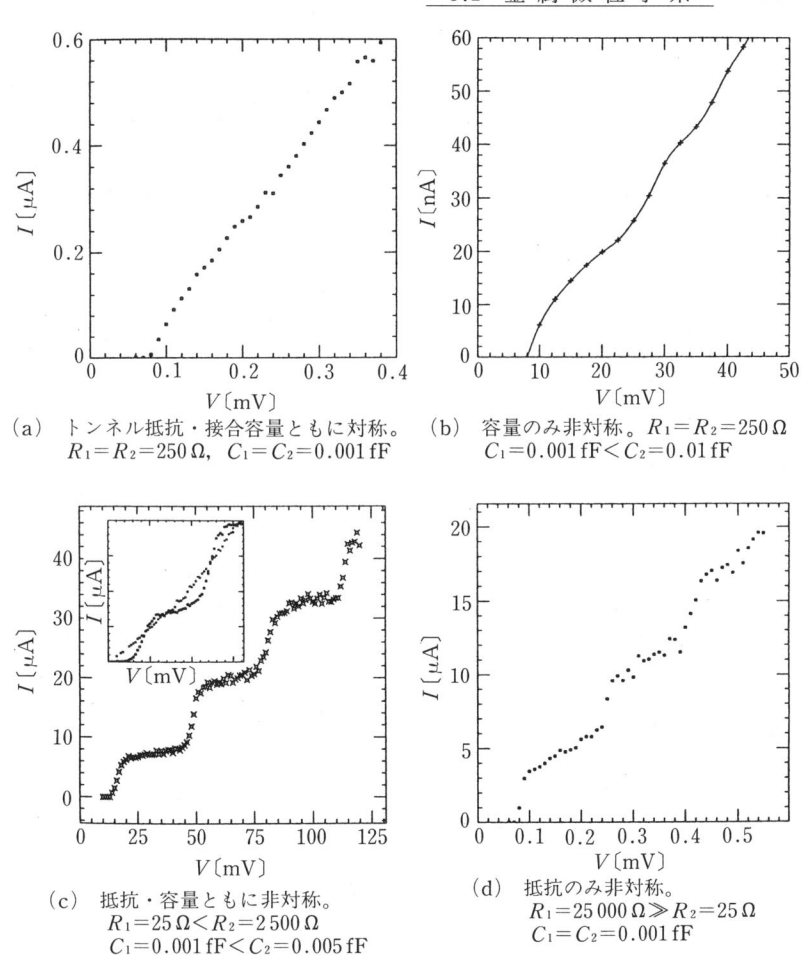

図3.8 クーロン階段の二重トンネル接合パラメータの対称性依存性計算結果
(K. Mullen, E. Ben-Jacob, R. C. Jaklevic and Z. Schuss, Phys. Rev. B 37, 98 (1988))

さらに，**走査型トンネル顕微鏡**で微粒子をプローブしクーロン階段を観察すると，図3.10の挿入図のように酸化膜中の蓄積電荷がクーロン階段をシフトさせる可能性（メモリ効果）を発見したBentumらの報告（同様の報告は，例えば測定温度の上げ下げに対するメモリ効果など，ほかにもいろいろな形でなされている）[4),5)]がある。

小林らの元東京大学グループはグラニュラ膜を用いて（超（常）伝導）微粒

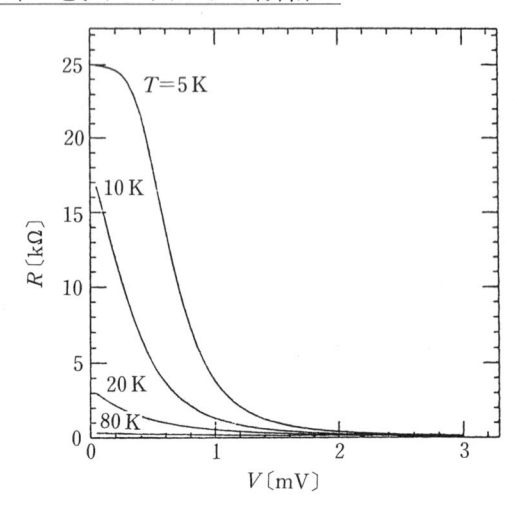

図3.9 シャント抵抗が並列に接続された微粒子アレーの抵抗-電圧特性の温度依存性計算結果。$R_1 = R_2 = 10 \text{ k}\Omega$，シャント抵抗 $R_s = 25 \text{ k}\Omega$，$C_1 = C_2 = 0.08 \text{ fF}$
(K. Mullen, E. Ben-Jacob, R. C. Jaklevic and Z. Schuss, Phys. Rev. B 37, 98 (1988))

子アレーを形成し，さらにリソグラフィでそれをパターニング，二次元面に沿って電圧を印加することで，クーロンブロッケードのトンネル抵抗・外部インピーダンス依存性，二次元接合アレーでの電気伝導，などのさまざまな興味深い実験結果を報告している[6]〜[9]。

この微粒子系の一つの大きい問題は電子の流れる経路が不明な点である。Zeller らも論じたように，**図3.11** に示すように経路の可能性として

① 微粒子を介さず直接基板から上部電極に流れる
② 微粒子にいったん滞在して上部電極に流れる
③ 微粒子にトンネリングするが素通りして上部電極に流入する
④ 複数の微粒子のうち数個の最も抵抗の低い微粒子のみを流れる
⑤ これらの混合成分

などが考えられる。したがって，サンプルの作製，測定結果の解析には非常に注意深く行わなければならない。当然制御性，均一性なども問題となる。また容量をそれほど微小にできないので，高温での動作が確認しにくい点も問題であった。

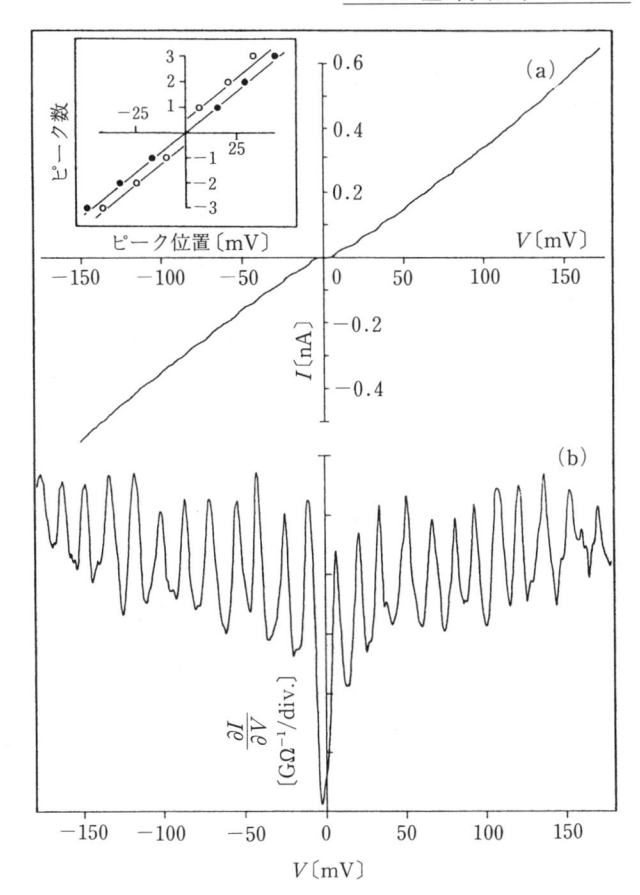

図 3.10 Bentum らのアルミニウムグラニュラ膜での電流-電圧特性とそのコンダクタンス特性の測定。挿入図は 2 回連続して行った測定結果の重合せ
(P. J. M van Bentum, R. T. M. Smokers and H. van Kempen, Phys. Rev. Lett. 60, 2543 (1988))

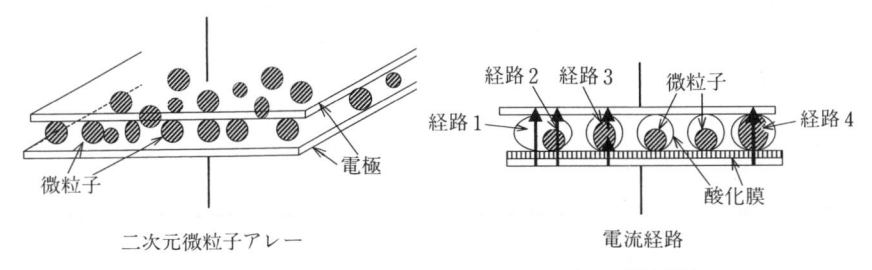

図 3.11 二次元微粒子アレーにおけるさまざまな電流経路

3.3 半導体二次元電子ガス系

微粒子アレー系での研究は，前節のようないくつかの観点から問題を抱えていて，これを制御して単一電子トンネリングについての研究を詳細・正確に行うには少し無理があった．しかし，1980年代後半頃からの，半導体微細加工技術・結晶特性の著しい進歩・改善により，微小金属酸化薄膜や半導体系での帯電効果を利用した単一電子トンネリングの研究が容易になったため，研究の中心はこの系に移っていった．特に，平均自由行程の大きい二次元電子ガスの利用は，単一電子トンネリングとその他のメゾスコピック現象の相互作用の研究を大きく発展させたし，応用面から微細加工で作られた微小接合は，比較的高温での実験や，室温動作素子をも実現してきた．

基本的には現在活発に行われているメゾスコピック系の研究はこの半導体中の二次元電子ガスを使用している．**二次元電子ガス**とは，最も単純な例では，図3.12(a)に示すように，**III-V族化合物半導体**である，n-AlGaAs（n形アルミニウム・ガリウム・ひ素：シリコンSiが電子を供給する不純物としてドーピングされている）とi-GaAs（真性ガリウム・ひ素）を連続成長した場合に，その界面のエネルギー不連続部に形成される**ノッチ**と呼ばれる原子層オー

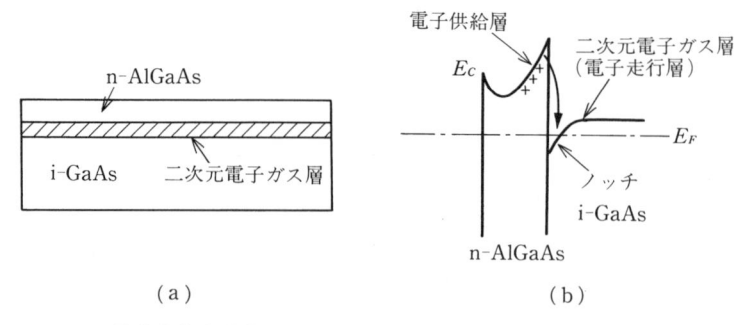

図3.12 III-V族化合物半導体（n-AlGaAs/i-GaAs）の界面に形成される二次元電子ガス（two dimensional electron gas：2DEG）層．フェルミ準位より低エネルギー側に形成された伝導帯の底（ノッチ）には，つねに電子が溜まることができる．電子の供給層と走行層を切り離した点に最大の特徴がある．

ダの幅を持つ量子井戸中に蓄積された電子集団のことである。Dingle らによってもともと発見され変調ドープ構造と呼ばれていたが，トランジスタ構造にこれを初めて用いることを提案したのは三村らであるとされており，high electron mobility transistor（HEMT：高電子移動度トランジスタ）として有名である。

このような二次元電子ガス層としては，シリコン半導体表面に形成した MOS（metal oxide semiconductor）構造の酸化膜と，半導体界面に誘起される電子層が古くから利用されており，量子ホール効果の実験などもこの系で行われた。これに対して化合物半導体を使って形成される二次元電子ガス層はいくつかの大きな長所を持つ。

前述した AlGaAs のうち AlAs はV族，Ga はIII族の元素であるので，これらからなる結晶中にIV族の元素である Si を混合させ，III族元素と置換，活性化させることで，1個の余分な電子が結晶に対して供給される。これにより AlGaAs 層は n 型となり，伝導電子の供給層として機能する。一方，i-GaAs 層は，真性半導体であるので，伝導に寄与する電子は基本的には持っていない。

さて，ここでこれら二つの結晶を連続成長した場合，エネルギー的に安定となる結晶配置から界面の伝導帯の底に図 3.12（b）で示した**ノッチ**が自然形成される。重要なのは，このノッチよりエネルギー的に低い所にフェルミ準位がくることである。図でフェルミ準位より下側には電子が存在できるので，このノッチの中に電子が蓄積されたほうが系は安定になるが，i-GaAs 層は電子を供給できない。しかし，ここで n-AlGaAs 中の電子がこのノッチ中のフェルミ準位より下に移って蓄積することで，系はエネルギー的に安定する。このノッチの幅は約 10 nm 程度の幅なので，電子は厚み方向にはほとんど自由度を持たないことになり，この電子層は二次元電子ガス層と呼ばれる。

この形成過程よりわかるように，化合物半導体で形成された二次元電子ガス層の最大の特徴は，"電子の供給層と走行層を切り離せたこと"に起因したその移動度 μ の高さである。元来，電子の供給層と走行層は同じ結晶中に存在してしまったのに対して，図よりこの構造では供給層と走行層が切り離されて

いることがわかる。

真空中では，粒子はなんら散乱も受けず最も単純なニュートンの運動方程式に従って走行する。これに対して，結晶中では粒子（電子）はさまざまな散乱を受けながら走行し，それを含めた平衡状態としてその走行速度が決まる。半導体結晶中での電子の散乱要因は多くあるが，代表的なのは，フォノン散乱とイオン化不純物散乱である。結晶中でのこれらの散乱による緩和時間を τ（散乱を受けた粒子がもとのエネルギーを回復するのに要する時間）とすると，**有効質量** m^*（波数ベクトル k 空間でのエネルギーバンドの曲率 d^2E/dk^2 に反比例する見かけの質量である。基本的には同じ質量 m の粒子でも走行するバンドの種類により見かけの速度が異なることを意味する。曲がり方の大きい伝導帯底を走行するほうが有効質量は小さい），電荷 q を持つ荷電粒子に電場 E を印加した場合の運動方程式は

$$m^*\left(\frac{dv_D}{dt} + \frac{1}{\tau}v_D\right) = qE \tag{3.14}$$

で与えられる。左辺括弧中の第2項が前記の散乱によって加速度が減少することを意味する項である。この式は電場 $E=0$ のときに簡単に解くことができ，$v_D(t) = v_D(0)\exp(-t/\tau)$ が求まる。これは熱により電子が拡散する速度である。$E \neq 0$ のとき，これに電場に関する項が加わり，解が構成されることになるが，時間が十分に経過したのちの定常状態を考えて時間 t を∞にすると

$$v_D = \frac{q\tau}{m^*}E \tag{3.15}$$

が求まる。これを，**ドリフト（拡散）速度**として定義する。しかし，この速度は電場に依存するので，結晶ごとの速度を直接比較する基準にはなりにくい。そこで，単位電界当りのドリフト速度として

$$\mu = \frac{q\tau}{m^*} \tag{3.16}$$

を**移動度（モビリティ）**として定義する。これはその結晶がいかに粒子（電子）が走りやすいものであるかを表す指標であり，結晶ごとの電子走行速度を比較する基準であるので，非常に大切な指標である。実際にはホール効果の測

定などでこのモビリティは同定できる。またこれらに対して，電気伝導度 σ（または抵抗）は以下のように定義される。電流は基本的には $I = nqv_D$ で与えられるが，印加電界に対しては $I = \sigma E$ で定義され，このときの比例定数 σ が**電気伝導度**である。よって，$\sigma = nq^2\tau/m^*$ となる。この指標は，1粒子（電子）の走りやすさではなく，n個の粒子の走りやすさである。

さて，式(3.16)は，散乱による緩和時間が直接移動度に影響することを示唆する。二次元電子ガスは，そのうちイオン化不純物散乱の影響を消し去ったわけで，温度にかかわらず，これにより移動度は大きく向上する。さらに，極低温にこの結晶系を冷却することでフォノン散乱も低減できるので，結果として電子はほぼなんら散乱も受けずに真空中を走行するかのように結晶中を動きまわれることになり，その移動度はきわめて高くなるのである。**図3.13**は温度依存性のなかで両方の散乱が移動度に及ぼす影響を示したものであるが，これらの散乱要因を消滅させることで移動度がきわめて大きくなることがわかる。電子が結晶中で無散乱で走行できる距離を**平均自由行程**と呼び，$l = V_F \times \tau$（v_F はフェルミ面付近の電子の速度，τ は散乱の緩和時間）で表されるが，現在では結晶性の改善により数百 μm もの平均自由行程を持つ二次元電子ガス層が実現されている。メゾスコピック系の研究の進展はこれに負うところが大きく，人工原子など，現在の主流の量子・メゾスコピック系研究の舞台はここに移っている。

さらに，その他の結晶系として，より移動度の高い InGaAs（インジウム・

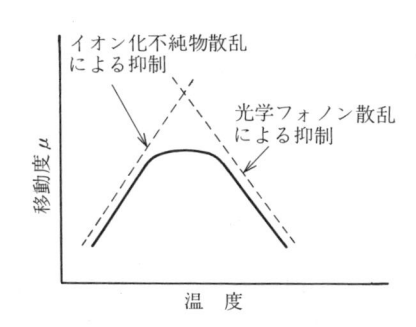

図3.13 移動度（モビリティ）を抑制する散乱要因。二次元電子ガスでは低温側の抑制要因であるイオン化不純物散乱が小さい。

ガリウム・ひ素）を電子の走行層に用いた n-Al$_x$Ga$_{1-x}$As/i-In$_x$Ga$_{1-x}$As/i-GaAs などもある．この場合，図 3.14 に示すように深く，幅の広い量子井戸が形成できるが，図 3.15 に示すように GaAs 系と InAs 系結晶との格子定数がかなり異なるので界面に転移が発生し，欠陥が生じる可能性がある[10]．これは当然，移動度を大幅に減少させてしまうが，例えばインジウムの組成比 x を $x = 0.2$ 程度に抑えながら約 20 nm 程度の厚さに結晶成長することで，この転移を抑えられることがわかっており，**ひずみ格子**（pseudo-morphic）層として有名である．特に，トランジスタの動作の観点から，この系列の結晶成

図 3.14 格子定数の異なる化合物半導体を利用してできるひずみ格子中の二次元電子ガス

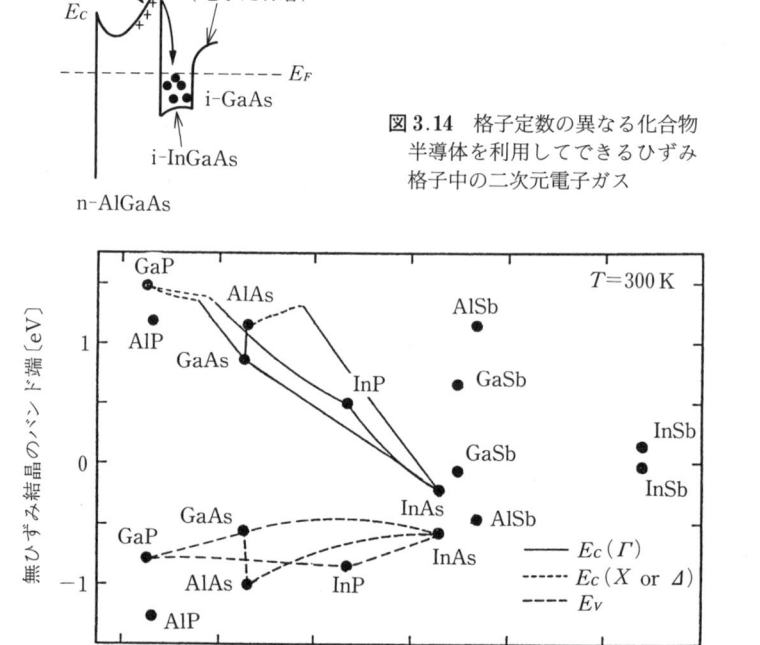

図 3.15 Ⅲ-Ⅴ族化合物半導体の室温でのエネルギーバンドギャップと格子定数の相関．実線は Γ 谷伝導帯の底，破線は L 谷伝導帯の底，点線は価電子帯の頂上．エネルギーは金のショットキーバリアを基準に表示．
(S. Tiwari and D. J. Frank, Appl. Phys. Lett. 60, 630 (1992))

3.3 半導体二次元電子ガス系

長の工夫は一時期非常に活発になされ，パワーと高速性を併せ持った構造として現在では主流になっている。

さて，つぎにこの結晶の上部に金属電極をパターニングすることで，二次元電子ガス層をさまざまな形状に加工する。これは，シリコン酸化膜のように素性の良い酸化膜を持たない化合物半導体で，主流である**ショットキー接合層**を用いた加工である。つまり**図 3.16** に示すように金属と半導体の界面にはショットキー接合が形成され，電子が存在できない**空乏層**が存在する。この幅は印加電圧・電子濃度に大きく依存するので，表面電極に印加する負電圧を制御することで，二次元電子ガス層までこの空乏層を伸ばすことができ，表面電極のパターンをほぼそのまま二次元電子ガス層に転写できるわけである。つまり，結晶表面で形成した微細加工パターンで結晶中の二次元電子ガスを加工できるため，これで量子ドット，量子ポイントコンタクトなど多くの構造が作製され研究されている。例えば，**図 3.17** の量子ドット構造でドット周辺を完全に空乏領域で絶縁することで二重微小トンネル接合が形成でき，単一電子トンネリ

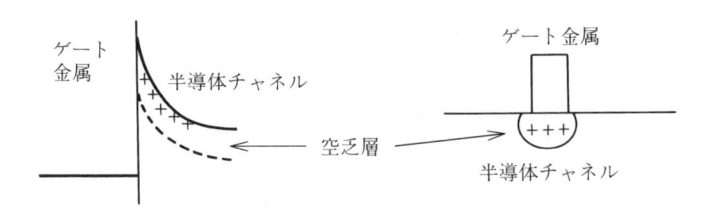

図 3.16 半導体と金属の接合面に形成されるショットキー接合

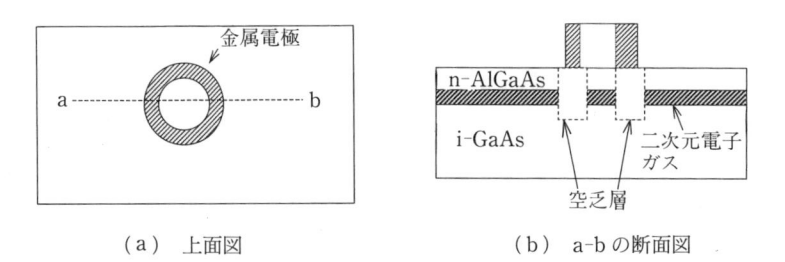

（a）上面図　　　　　（b）a-b の断面図

図 3.17 半導体表面に形成した電極により形成されるショットキー接合を利用した二次元電子ガス層のパターニング

ングに関する研究も容易にできる。

　この方法で形成された微小トンネル（**量子ドット**）構造の研究は非常に盛んである。面白い例では，例えば4章の図4.5で示すようにABリングにパターニングし，それに量子ドットを挿入した構造で，外部環境の位相コヒーレンスとクーロンブロッケードの相関を調べた例，図4.13(a)のように意図的に閉じていない量子ドット（**オープン量子ドット**）を形成し，クーロンブロッケードと外部ゆらぎ（量子カオス）との相関を調べた例もある。

　また，図4.9(b)で示すように，この二次元電子ガス層をエッチングにより擬一次元筒状に加工しディスク状の電子ガス層を形成したのち，さらにこの電子ガス部を囲むようにゲート電極を設け，二次元面に垂直（つまり基板-上部電極間）にソース-ドレーン電流を流し，ゲート電極でクーロン振動を起こさせ，ガス層内部の電子数を制御し，人工原子・分子を作る試みも行われている。

3.4　有機・生体系：カーボンナノチューブ，DNAテンプレート細線

3.4.1　カーボンナノチューブの特異な物性

　カーボンナノチューブは，炭素電極に付着したすすの中から1991年に飯島澄男により電子顕微鏡で発見された。ノーベル化学賞を受賞した特殊な構造を持つ炭素系物質である**フラーレン**：C_{60}（60個の炭素原子がサッカーボール状の球形を構成したもの）の発見からわずか数年後のことである。

　カーボンナノチューブは主として2種類の構造に分類される。一つは，1層の二次元グラファイト薄膜をチューブ状に巻いてできたもの，もう一つは多層の薄膜を同心状に巻いたものである。作り方はアーク放電，レーザパルス加熱，多孔質膜中の触媒反応などさまざまであるが，いずれにせよ構造学的にこのような美しいチューブがナノオーダの直径を持って自然形成されるということ自体，フラーレンの存在と同様にたいへん驚くべきことである。さらに，フラーレンと異なるこのカーボンナノチューブの凄さは機械的ストレスに強いこ

3.4 有機・生体系：カーボンナノチューブ，DNAテンプレート細線

とである。これはさまざまな物性測定を可能にしたが，オランダのデルフト工科大学の Cees Dekker グループを中心とした測定の結果，驚くべき物性がつぎつぎに明らかになった[11]～[25]。

例えば，**単層カーボンナノチューブ**では**グラフェン薄膜**の巻き方（**カイラリティ**），つまり**図3.18**のようにチューブ軸を決めた場合その軸に対して何度の角度で二次元薄膜を巻いていくかにより，出来上がったカーボンナノチューブの特性が，半導体であったり金属であったりする[11),12]。$C = na_1 + ma_2 \equiv (n, m)$ でこのベクトルを定義するとき，まず $(n, m) = (n, 0)$ の場合（図の形から**ジグザグ構造**とも呼ばれる），$n/3$ が整数のとき金属，それ以外では半導体的特性を，ベクトルが回転していった場合，$(2n + m)/3$ が整数のとき金属，それ以外では半導体的振舞いを，回転し終わって (n, n) または (m, m) のとき，**アームチェア**と呼ばれる構造），完全に金属的振舞いを示す。また，半導体のバンドギャップの大きさはチューブ直径に反比例する。さらに，チューブ中に欠陥がある場合や途中で直径が変化する場合，当然その箇所で結合の仕方が変わるため，同じ1本のチューブでありながら，例えば片側では金属，反対側では半導体，という究極の微小ショットキー接合が形成される。きわめて特異な物性であるといってもよいであろう。

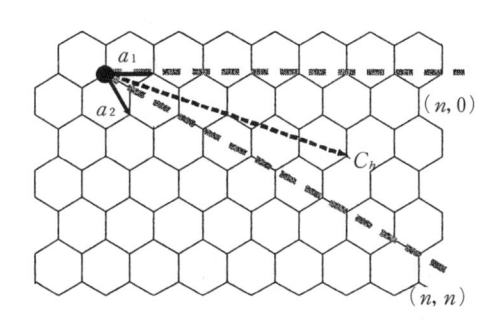

図3.18 単層カーボンナノチューブの特性を決定するグラファイトシートのカイラルベクトル。a_1, a_2 は格子ベクトル。$C_h = ma_1 + na_2 = (m, n)$ はカイラルベクトル。$(n, 0), (n, n)$ はその形状からおのおのジグザグチューブ，アームチェアチューブとも呼ばれる。

実際に走査型トンネル顕微鏡を用いてフェルミ面近傍の状態密度を観察することで，当初理論的に予言されていたこれらのことが正しかったことがデルフト工科大学グループにより証明された[12]。しかし，直径数 nm のチューブ表面の亀の子模様の並び方を正確に観察し，おのおのの状態密度を同定していったわけであるから，この測定がいかにたいへんであったかは，同じ実験家として尊敬に値する。最近では共鳴マイクロラマン散乱を用いることで，もっと簡単にこれらのカイラリティを同定できるという Mildred Dresselhaus らによる報告もある。

また，平均自由行程が極端に大きく，数 μm の大きさにチューブを作ってもその内部で電子はなんら散乱も受けずに走行できる。これは究極の**一次元導体**であり，理論で予言されていた**スピン・電荷分離**などの面白い現象を示す**朝永・Luttinger 液体**のような振舞いも示すし[13]，**近藤効果**などの人工原子に類似した多くの電子の多体効果をももたらす[14),15)]。このあたりの研究は，最近では樽茶らにより平均自由行程の非常に大きい二次元電子ガス層を用いることでも行われている。二次元電子ガス系とカーボンナノチューブ系では，多くの点で同一テーマの下で研究が行われており，それらの比較は非常に興味深い。また，最近ではナノチューブ内部に他物質をドーピングすることによるバンドギャップエンジニアリングなどの新たな物性の出現が興味を集めている。

最近注目されているテーマの一つに，例えば**超電導転移**，および**超電導近接効果**がある。フラーレンでは内部にアルカリ金属をデポジットしたり，高電圧を印加することで 100 K 以上の高温で超伝導状態に転移することが現状報告されているが，単層カーボンナノチューブでも 1 K 以下という極低温ではあるが超電導転移，近接効果がごく最近報告されている[16]。さらに，2001 年に秋光グループが発見した新超伝導物質 MgB_2 はグラファイトシートに似た構造をしていることがわかっている。これらは，なんらかの工夫をこらすことでカーボンナノチューブでも高温超伝導が起きる可能性を示唆しているかもしれない。まさに現在ホットなテーマである。

さらに，**多層カーボンナノチューブ**では層間で電子の散乱が生じるため，平

3.4 有機・生体系：カーボンナノチューブ，DNAテンプレート細線

均自由行程自体は大きくはないが，**電子波の位相が保存される位相コヒーレンス長**は大きい。この結果，2章のわれわれの実験でも説明したが，弱局在[17]，普遍的伝導度ゆらぎ[17]，AAS振動[18),19)]，金属・絶縁体転移[20]などの4章でも説明される電子波の位相干渉に起因した多くの現象が観察されている[17)~23)]。また，強磁性体（コバルト）で形成したソース-ドレーン電極を用いることで，**スピン偏極**した電子をチューブに注入し，チューブ内でのその電子のスピン位相が強く保存されることも示されている[23)]。

3.4.2 単一電子トンネリング

このような特性の一つとして早くから発見されていたのが，単一電子トンネリングである。カーボンナノチューブの物性は，当初走査型トンネル顕微鏡でその電気特性を測定することで行われていたが，図3.19に示すように基板上に置いた1本の単層カーボンナノチューブ（直径約1nm，長さ約3μm，電気

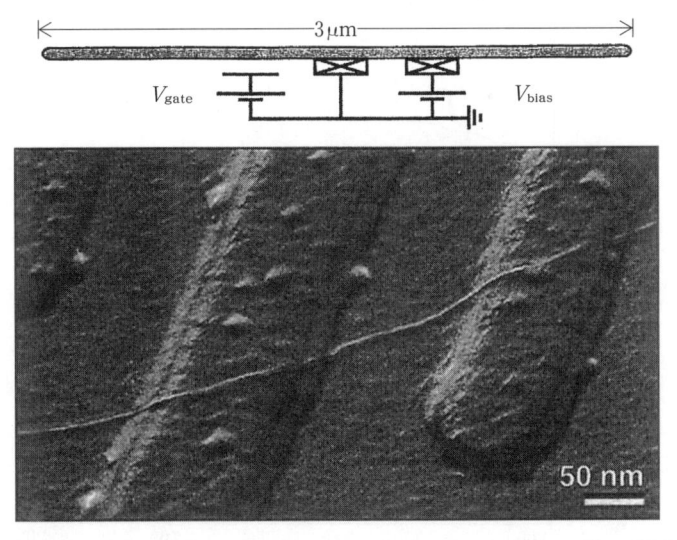

図3.19 シリコン基板上に置かれたカーボンナノチューブと，それに形成された白金電極の原子間力顕微鏡像。チューブ直径約1nm，長さ約3μm，ソース-ドレーン電極間距離140nm。写真左上隅に見えるのがゲート電極，その他の二つがソース，ドレーン電極
(S. J. Tans, M. H. Devoret and C. Dekker, et al., Nature 386, 474 (1997))

特性は金属的）上にソース-ドレーン・ゲートに相当する3端子電極を形成することにデルフト工科大学グループが初めて成功した[24),25)]。この測定において，図3.20に示すように各ゲート電圧下で印加ソース-ドレーン電圧に対して階段状の電流-電圧特性が（図(a)），固定ソース電圧下で印加ゲート電圧に対して周期的電流振動が（図(b)），おのおの観察された。振動間隔から見積もられる帯電エネルギー$Ec = 2.6\,\mathrm{meV}$とチューブの持つ寄生（自己）容量から算出される帯電エネルギー$Ec = 2.5\,\mathrm{meV}$はよく一致したことから，彼らはこの周期的電流振動をクーロン振動として解釈した。これに対して，階段状の電流-電圧特性はクーロン階段ではないと解釈し，チューブ中に存在する離

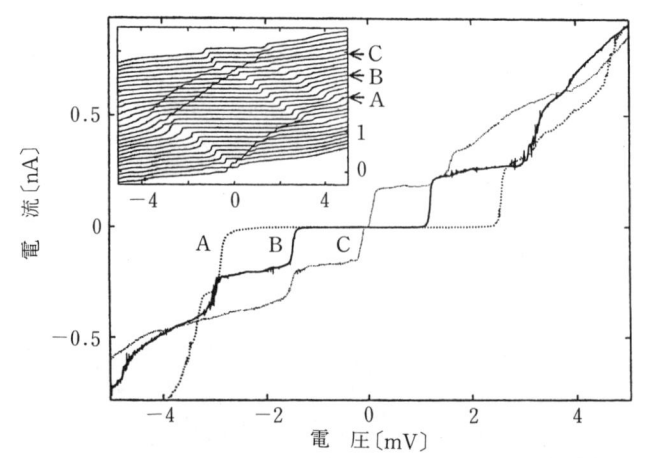

(a) 図3.19のソース-ドレーン間の電流-電圧特性。挿入図はそのゲート電圧による変調

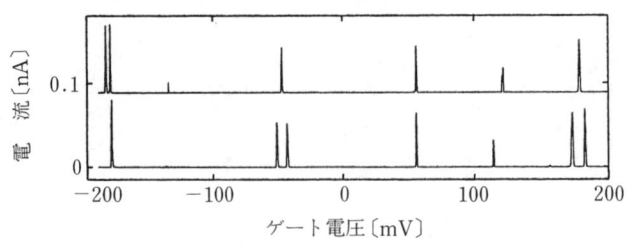

(b) ソース-ドレーン電流のゲート電圧依存性

図3.20 (S. J. Tans, M. H. Devoret and C. Dekker, et al., Nature 386, 474 (1997))

3.4 有機・生体系：カーボンナノチューブ，DNAテンプレート細線

散的エネルギー準位がチャネルとして働き，ソース電圧増加とともに電流に寄与するチャネル数が増えた結果として解釈した．つまり，ここでのカーボンナノチューブにおける電子輸送特性は，"離散したエネルギー準位を介した共鳴トンネリング＋帯電エネルギーによる単電子トンネリング"ということになる．

しかし，この解釈にはいくつかの疑問が残る．

一つ目の疑問点は，彼らも指摘しているように，まず図3.20(b)の電流ピークがダブルピークになっている点で，これは一般的なクーロン振動とは異なる．彼らはスイッチングの際のオフセット電荷をその原因として挙げているが，あまり意味がない．ただし，このようなダブルピークのないサンプルを選んで実験は行われているので，この話はとりあえず忘れることができる．

二つ目の疑問点は，ではどこに微小トンネル接合が存在するのだろう？ということである．彼らが一ピークの温度特性の実験でも示しているように，チューブ内はかなりクリーンで鮮明な離散エネルギー準位が存在するわけであるから，接合は電極とチューブの界面に存在すると仮定するのが妥当である．しかし，この点に関して彼らはなんのデータも説明も示していない．最近では

① チューブと電極の界面酸化膜（チューブが電極上にある場合）
② 電極下のチューブが絶縁状態にある（チューブが電極上にある場合）
③ チューブ内部の欠陥付近

の三つがその可能性として指摘されている．

三つ目は，チューブの自己容量から帯電エネルギーを見積もっているが，このトンネル接合容量，電極容量の寄与についても考慮したのか，していないのか，なんら説明もなされていない．直接 Cees Dekker とこの点について議論したが，彼の論拠はあくまでこの実験系で周期的な電流振動が観察される現象はクーロン振動以外に何があるのか？ということであった．確かに，ほかに思いうかばない以上，クーロン振動だと信じるしかなかったが，カーボンナノチューブ特有の単電子トンネリングとして検討の余地はまだあるだろう．

3.4.3 単一電子スペクトロスコピー

さて，実は前述した"離散したエネルギー準位を介した共鳴トンネリング＋帯電エネルギーによる単電子トンネリング"という電子輸送メカニズムは，4章で後述する人工原子とほぼ同様である．人工原子の実験では，この帯電エネルギーよる単一電子トンネリングを，"実験的に電子を1個ずつ人工原子に送り込む"という手法，つまり**単一電子スペクトロスコピー**として活用する．しかし，測定結果の解釈においては，むしろ離散したエネルギー準位に着目し，電子が基底状態から各エネルギー準位に置かれていく様子を，磁場を印加しながら電流ピークの間隔を詳しく測定することで明らかにする．これにより，自然原子と異なる形を持つ人工原子特有の興味深い電子状態がつぎつぎと発見された．まったく同じ手法でこのカーボンナノチューブでの電子の多体効果の測定も行われ，人工原子とは異なった特有の特性が観察されている．

図3.21(b)にC. Dekkerらにより報告された，単層カーボンナノチューブの三端子測定で観察された変形した**クーロンダイヤモンド**を示す[14]．2章で説明したクーロンダイヤモンドと異なり，ダイヤモンドの線が線形でなく，キンクが見られるいびつな形状であることが特徴である．特に，電子数 n の場合にこれは顕著に見られるが，この現象は，チューブ内部の蓄積電子数が同じ数に保たれたまま，状態が他の基底状態に遷移していると解釈されている．(c)〜(f)に示すように，彼らはこの現象を，(c)の点線で示された通常の励起状態が，このカーボンナノチューブでは基底状態になる遷移が起きると仮定し，蓄積電子数の安定領域（図のグレイ領域）を比べることで，定性的に(b)と一致するとして説明を試みている．そのモデルによると，サイズの大きい金属人工微小構造などでは，外部からの電場は完全に**スクリーニング**されるため，ゲート容量は内部状態に依存せず遷移が起きない．これに対して，カーボンナノチューブの場合は，1粒子波動関数の電子密度がチューブ内で均一でないこと，電子間相互作用がチューブに存在する多体効果に依存したスクリーニング効果を作り出すこと，などからゲート容量が電子数と励起状態の度合いに依存してしまう．したがって，外部電圧の印加に伴い，同じ蓄積電子数 n に対し

3.4 有機・生体系：カーボンナノチューブ，DNAテンプレート細線　　153

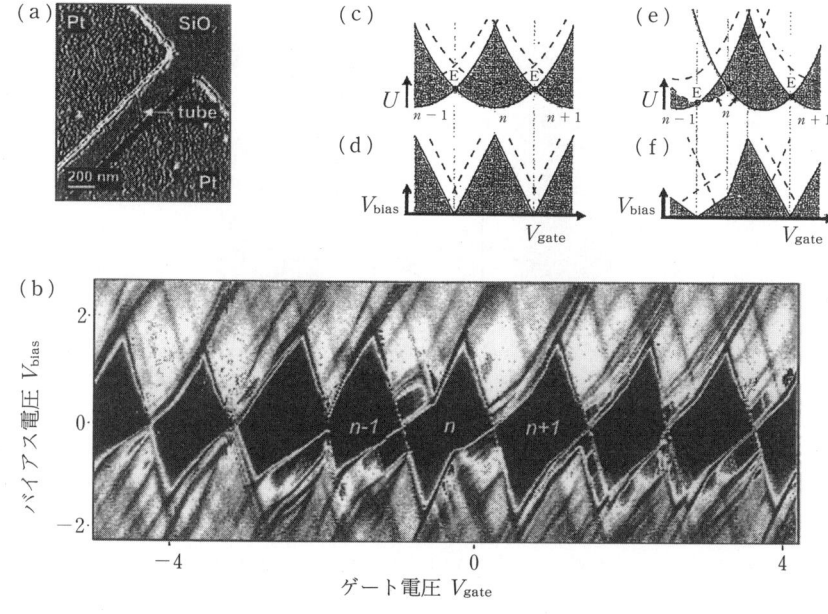

図 3.21 （a）電極形成されたシリコン基板上の直径約 1.4 nm の単層カーボンナノチューブの原子間力顕微鏡像。（b）は，（a）で観察された変形したクーロンダイヤモンド。（c）チューブ内蓄積電子による帯電エネルギーの基底状態（実線）と励起状態（点線）。2章で説明した二重接合でのマクロな電荷量子化とクーロンダイヤモンドに相当する。（d）そのソース-ドレーン電圧-ゲート電圧への置き換え。（e）は，（c）の n 励起状態での帯電エネルギーを基底状態として置き換えた際のエネルギーダイアグラム。（f）そのソース-ドレーン電圧-ゲート電圧への置き換え
(S. J. Tans, M. H. Devoret and C. Dekker, et al., Nature 394, 761 (1998))

て，励起状態を新たな基底状態とする遷移が生じ，（e），（f）のようなエネルギー図が描けることになる。

また，図 3.22 にクーロン振動ピーク位置の印加磁場依存性を示す。磁場依存性はゼーマン効果に大きく依存しているが，これも通常の量子ドット（人工原子）と異なり，低磁場ですべてのスピンが同一方向を向いてエネルギー準位に入る，などの傾向が見られ，どうも多数の電子間相互作用に依存した複雑な振舞いをするようである。彼らは，この測定でカーボンナノチューブ特有の五つの磁場依存性を発見したとしている。いずれにせよ，単一電子トンネリングで電子1個ずつをカーボンナノチューブに送り込み，その内部電子スピン状態

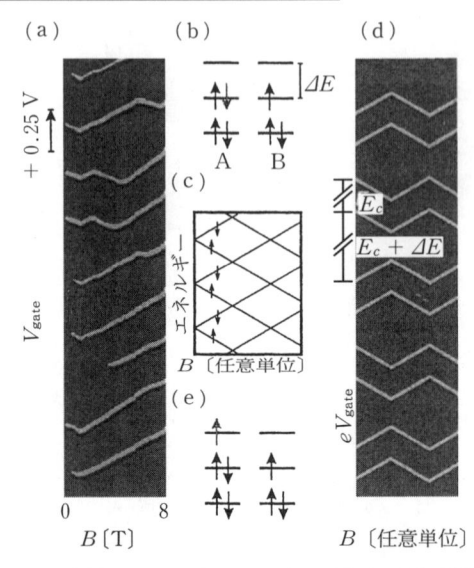

図 3.22 （a）クーロン振動ピークが出現するゲート電圧の印加磁場によるシフト。（b）二つの縮退したスピン状態。（c）その印加磁場への依存性。（d）は，（c）より予測される振動ピーク電圧の磁場依存性。（e）は，（a）から考えられるスピンの詰まり方
(S. J. Tans, M. H. Devoret and C. Dekker, et al., Nature 394, 761 (1998))

を探ることに成功した興味深い例である。

3.4.4 DNA テンプレート細線

カーボンナノチューブが究極の有機微小素子として期待されるなら，ある意味で究極の生体微小素子の候補は DNA であるかもしれない。しかし，基本的には DNA は絶縁体である。シミュレーションでは，二重螺旋構造を持つ DNA の一方を p 型，他方を n 型半導体のように使えるなどという報告もあるが，実験的にはその抵抗は非常に高いことは確認されている。したがって，現在行われている実験は DNA をテンプレートとしてそれに金や銀を付着させ，量子細線を形成し，電気特性を観察する試みである。DNA はこうした金属を付着しやすい性質を持つ。本項でもその実験の一例を紹介する[26]。

図 3.23 は，**DNA テンプレート**の作製とそれへの銀の付着方法である。このようにして形成された銀細線の電気特性が**図 3.24** である。まず，図

3.4 有機・生体系：カーボンナノチューブ，DNAテンプレート細線

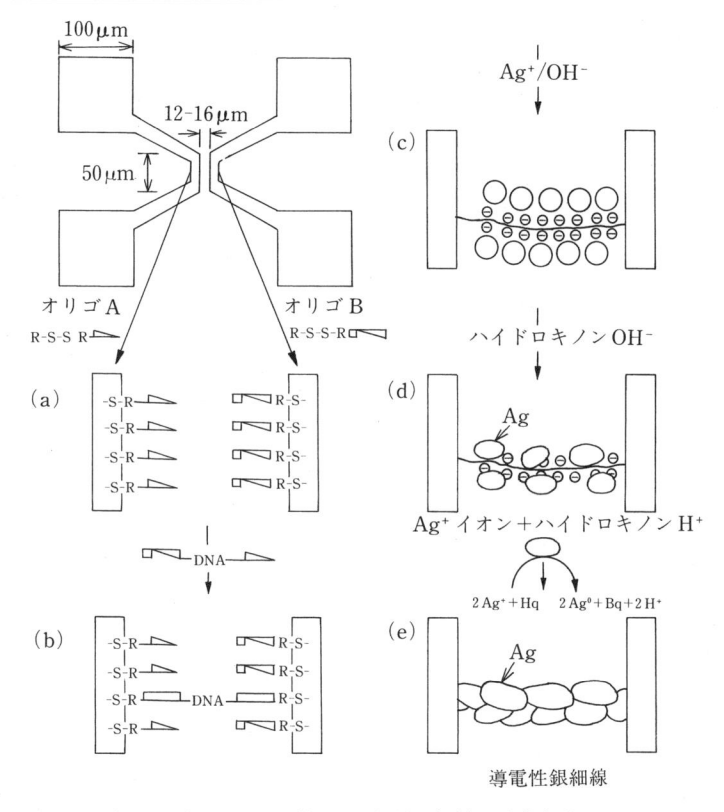

図 3.23 DNA ブリッジ上を利用した銀量子細線の形成方法
（a）電極へのオリゴヌクレオチドの形成。（b）DNA ブリッジの形成。
（c）イオン交換による DNA ブリッジ上への銀イオンの付着。（d）ハイドロキノンの付着。（e）銀微粒子細線の形成
(E. Braun and G. B.-Yoseph, et al., Science 391, 775 (1998))

3.24（a）で，零電圧コンダクタンス異常とヒステリシスが存在することがわかる。3章で説明した Bentum らの二次元金属微粒子アレーのメモリ効果を持つクーロンブロッケード特性に定性的にはよく似ていることがわかる。その場合は，トンネルバリア膜への電荷の充放電がヒステリシスに対する一つのモデルであった。では，ここでの特性もクーロンブロッケードだろうか？この論文ではそのあたりの検討はまったくされていない。少なくとも，この**銀細線**の詳細な構造が検証されないと，結論は出せない。つまり，例えば一次元アレーな

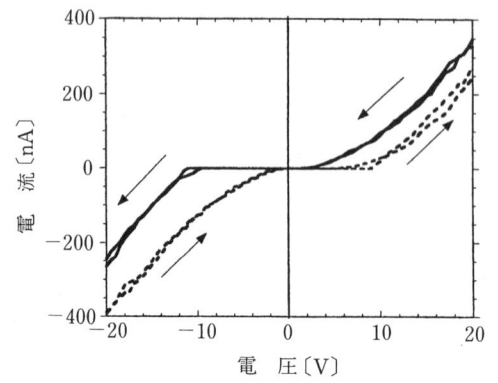

(a) 図3.23のサンプルの電流-電圧特性。異なった電圧操引方向で2回ずつ測定されている

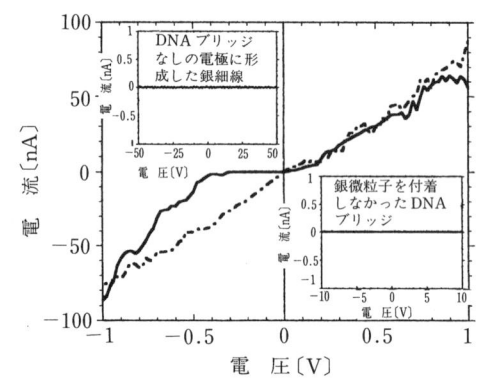

(b) (a)よりも銀の成長が拡張されたサンプルの電流-電圧特性(実線)。点線は50V印加後の特性。

図3.24 (E. Braun and G. B.-Yoseph, et al., Science 391, 775 (1998))

のか？，いくつの銀微粒子がつながっているのか？，銀微粒子の容量は？，DNA寄生容量は？，銀微粒子どうしの接合は？，DNAと微粒子の結合構造は？ などである。特に，DNAが単にテンプレートとしてのみ働いているのか，それともなんらかの形で伝導に寄与しているのか興味深い。

図3.24(b)は，さらに銀の付着性を改善したものである。零電圧コンダクタンス異常の電圧領域は小さくなり，ヒステリシスも変わっていることがわか

る。このことはまさに DNA と銀の結合状態が電気伝導に寄与していて，DNA が単にテンプレートとしてのみ働くのではないことを意味しているかもしれない。

　現在，人ゲノムの研究は盛んで，つい最近 DNA の解読の結果，数万種類あると思われていた組合せが，たかだか蝿の 2 倍程度であったことがわかり，衝撃を与えた。この少ない組合せでどうやって多種多様な人の遺伝特性が出現するのか研究が進められている。もし，金属の付着構造がこうした DNA の種類に依存して異なり，特殊な電気伝導を生み出すとすると，DNA は単なる微小素子候補でなく，新たな微小生体機能素子への可能性を秘めていることになる。実際に DNA アレーチップは異なった観点から研究されているが，このような電気特性の観点からの詳細な調査は興味深いところである。

3.5　走査型トンネル顕微鏡

　さて，最後にごく簡単ではるが**走査型プローブ顕微鏡**（scanning probe microscope：SPM），特に**走査型トンネル顕微鏡**（scanning tunnel microscope：STM）の原理をここで解説しておく。STM を用いた単電子トンネリングの研究は，Bentum らの実験で前述したように，古くはこれで数個の微粒子をモニタしたり，基板表面に針先を置くことなどで行われていた。また，最近ではこの針先で金属の微小部分を酸化し，容量の非常に小さい単一電子トンネリング接合を作ることもいろいろ行われている。

　その原理は，**図 3.25** に示すようにいたって簡単である。STM では針先とサンプル（もちろんこの場合導体）表面に流れるトンネル電流を利用する。大気雰囲気で針先を導体表面にかぎりなく近づけると，絶縁層である空気を介してトンネル電流が流れる。重要なのはこのトンネル電流が距離の逆数に指数関数的に比例することである。つまり，距離が少し近づいただけで，トンネル電流は指数関数に乗って急激に増加し，離れると急激に減少する。針先でサンプル表面を走査していくと当然，表面の凹凸に敏感にこのトンネル電流が変化す

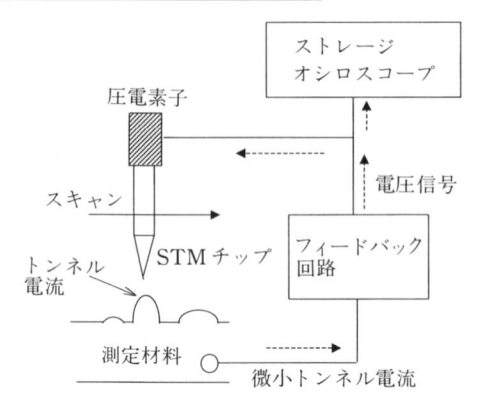

図 3.25 走査型トンネル顕微鏡の動作原理を示す模式図

る．STM では基本的には，このトンネル電流がつねに一定になるように，つまり針先とサンプルの間隔がつねに一定になるように，針の位置を制御することで，表面の凹凸をモニタするのである．

つまり，例えば，サンプル表面が凸状であれば針先とサンプル表面間隔は小さくなり，電流は増加する．この電流増加をモニタしたフィードバック回路は電流値が凸部にくる直前の電流値と等しくなるための距離を計算し，針先を持ち上げる信号を外部に送り出す（図 3.25）．この信号は電圧信号で，針の根元に存在する**圧電素子**が縮むような電圧設定になる．その結果，針は上部に持ち上げられ，トンネル電流は凸部にくる前と同じ値を保つ．このときの，電圧信号はサンプル表面の凹凸と 1 対 1 に対応しているので，これをストレージオシロスコープなどでモニタし，画像変換することで，サンプル表面の凹凸が観察できるという仕組みである．

ここでよく注意しなければならない点がある．それは，われわれは，光学顕微鏡を覗き込むように，サンプル表面を直接見ているのではないという点である．トンネル電流を形成しているのは，針先から導体表面の化学ポテンシャル付近に流れ込む電子であるから，見ているのはその化学ポテンシャルの形状であることになる．これは観察された現象を考察するうえにおいてきわめて重要である．

STM の場合サンプル，および針先は導体でなければならなかったが，**原子間力顕微鏡**（atomic force microscope：AFM）ではサンプル表面の原子と針先の間に働く原子間力を用いて同様に凹凸をモニタするし，**磁気力顕微鏡**（magnetic force microscope：MFM）では磁気的力を用いてモニタする。このため，針先の材料としては，トンネル顕微鏡の場合は抵抗の低い金，原子間力顕微鏡の場合は窒化物，磁気力顕微鏡の場合はクロムなどが使用される。

また，観察モードもいろいろある。例えば AFM で，直接サンプル表面を走査するモードや，針先を振動させ原子間力の共振点を用いることで，ある程度サンプル表面から距離を離して測定できる DFM モードなど，用途に応じてさまざまである。最近は，特に生体系の細胞などを観察する医療用途への応用も多い。

4 単一電子トンネリングと他のメゾスコピック現象

4.1 はじめに

　最初に述べたように，単一電子トンネリング自身は理論，実験両面からかなり研究されつくした感があり，ほぼ完成された一つの体系をなしているといってよいであろう．一方，その他の量子・メゾスコピック系の物理現象は微細化技術の進展や高純度の二次元電子ガスの実現に伴ってさらなる広がりをみせ，いまや人工原子と呼ばれるものまで作製されるようになっている．単一電子トンネリングも，近年ではむしろこれら他のメゾスコピック現象との相関のもとで研究されているし，あるいはそれらをモニタするための一手段として使われている．本章ではそのうちのいくつかを拾って駆け足で概要を説明する．

　メゾスコピック現象は，**特徴長**とサンプル長の比較で，観察される現象が大きく異なる．特徴長としては例えば図 4.1 のようなものがあげられよう．電子

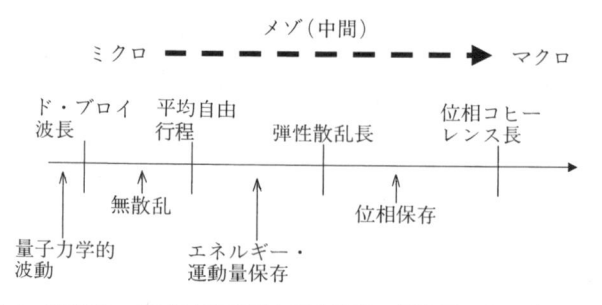

図 4.1　特徴長による保存物理量と出現現象の区分例．サンプルサイズがこれらのどこに相当するかで観察される現象が決まる．

4.1 はじめに

の波としての位相が保存される長さ（**位相コヒーレンス長，または非弾性散乱長**）よりサンプルサイズが小さければ，サンプル内部全体で電子波の位相が保存される．その結果，サンプル内部の各箇所で電子波の散乱に基づいた**位相干渉効果**が生じ，多くの興味深い現象が観察される[1]．この位相コヒーレンス長は，それほど短い長さではないので，実験的に作りやすく，メゾスコピックの研究もこの領域からまず始まった．現象としては，例えば，アンダーソン局在[2),3)]，弱（反）局在[4)~6)]，**アハラノフ-ボーム**（Aharonov-Bohm：AB）**効果**，**アルトシュラー-アロノフ-スピバック**（Altshuler-Aronov-Spivak：AAS）**効果**[7),8)]，普遍的伝導度ゆらぎ（universal conductance fluctuation：UCF），金属-絶縁体転移などがあげられる．このうち前述したメゾスコピック現象研究の一つの発端は Webb による UCF の発見であった．

また，**弾性散乱長**よりサンプルが小さければ，サンプル内部で電子のエネルギーと運動量は保存され，その運動は弾性的になり，まるで永遠に失速することのないビリヤードの球のように振る舞う．したがって，この場合，電子が散乱されるサンプル端の形状に非常に敏感に現象が応答する．ここでは，電子フォーカシングなどの現象が報告されている．

さらに，**平均自由行程**よりサンプルサイズが小さければ電子はなんら散乱も受けることなく，サンプル中をまるで真空中のように走行する．基本的にはこのサイズが最近のメゾスコピック研究の舞台で，多くの興味深い現象が観察されている．例えば，**人工原子**と呼ばれる**量子ドット**などでの電子のスピン相互作用などに基づいた現象，**量子ポイントコンタクト**でのコンダクタンスの量子化（最近では整数倍からずれた量子化が話題になっている），**一次元細線**での**朝永-Luttinger 液体**での量子化コンダクタンスの理論との比較，金属系の原子細線でのコンダクタンス量子化などが話題になっている．前述した単層カーボンナノチューブ中の現象もこの領域で説明される．

まず，典型的なメゾスコピック現象である電子波の位相干渉効果と単一電子トンネリングとの相関から説明することにしよう．

4.2 電子波の位相コヒーレンスとクーロン振動

古くは，**アハラノフ-ボーム**（Aharonov-Bohm：AB）**リング**に量子ドットを挿入し，位相干渉効果と単一電子トンネリングとの相関という観点でよく研究されている．最近では，超伝導リングに量子ドットを挿入しマクロスコピックな位相と単一電子トンネリングの観点からも研究されている．

まず，前者から説明しよう．そのためには AB 効果を理解しなければならない．一言でいえばつぎのようになる．**図 4.2**（a）に示すような電子波の位相が保存される程度の大きさのリングを作り，電子を A から流入させ，反対側の B で検出する場合，A で分離した電子波は B で合流するときに位相干渉効果を起こす．L_1，L_2 の電流経路を同じにしておき，外部からリングの内部のみを通過するように磁束を印加したとき，内部空間に存在する**ベクトルポテンシャル**なるものが変調された結果，リングの電子波の位相が変調され，B での位相干渉が変化し，リングから検出されるコンダクタンスが印加磁場に対して周期的に振動する．これが基本的原理である．

さて，ここで AB 効果の説明の前に，まず**アルトシュラー-アロノフ-スピバック（AAS）効果**について説明しよう．これは，図 4.2（b）のような金属円

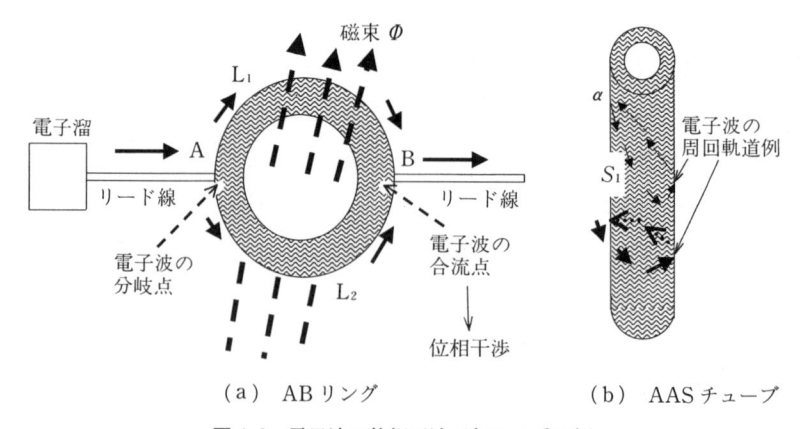

図 4.2 電子波の位相干渉が起きる系の例

4.2 電子波の位相コヒーレンスとクーロン振動

筒において，例えば点 a を出発し S_1 の経路を辿り，電子波が周回した結果，点 a で，同一の経路を反対向きに辿ってきた電子波（つまり波動関数が時間反転対称性を持つ経路で）と位相干渉効果を引き起こすという現象である．この金属中を伝搬する波動は平面波として近似でき，時間に依存しない場合 $\psi(r) = \exp\{i/h(p \cdot r)\}$ で表されるが，印加磁場のもとでは，運動量 p は $p + eA$ に置き換えられる．ここで A はベクトルポテンシャルと呼ばれる．したがって波動関数は

$$\psi(r) = \exp\left\{\frac{i}{h}\left(p \cdot r + e\int_r A(r)dr\right)\right\} \tag{4.1}$$

で与えられる．第2項が印加磁場による位相のずれを表すが，これより円筒を反対向きに同じ経路を1周してきた波との，円筒内部を貫く磁束(Φ)による位相差は，磁場と**ベクトルポテンシャル**の関係，および**ストークスの定理**を用いて

$$\Delta\theta = \frac{2e}{\hbar}\int_c A(r)dr = \frac{2e}{\hbar}\int_s \text{rot } A(r)dr = \frac{2e}{\hbar}\Phi \tag{4.2}$$

で与えられることがわかる．位相差が $2n\pi$ の場合，干渉で波動は最も強め合うから，その磁場条件は

$$\Phi = \frac{h}{2e}n \tag{4.3}$$

であることがわかる．ここで論じている電子波は，もちろんド・ブロイ波とは異なるので，純粋な量子力学的波動ではないが，位相が保存されているという観点からは同様に波動関数の2乗を電子が存在する確率と捕らえてもよい．したがって，この条件のとき，点 a で電子の存在確率が最大になる．これは，電子がいつまでも点 a に留まっていることを意味するので，外部に検出される電気抵抗率は，この場合に極大になる．つまり，**図4.3**に示したようにこの磁束周期で磁気抵抗の極大が出現する[7]．これが AAS 効果である．

これを図4.2(a)のようにリング半周の経路で考えると，位相差が

$$\Delta\theta = \frac{e}{\hbar}\Phi \tag{4.4}$$

になるので，磁気抵抗ピークの現れる周期は

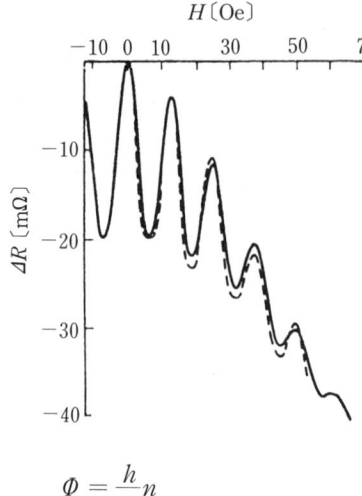

図4.3 リチウム薄膜チューブにおける弱
局在を伴う AAS 振動
$(1\,\mathrm{Oe} = 1/(4\pi)\,[\mathrm{kA/m}])$
(B. L. Altshuler and A. G. Aronov, et al., JETP Lett. 35, 588 (1982))

$$\Phi = \frac{h}{e}n \tag{4.5}$$

となり，2倍の周期になることがわかる．これが AB 効果である．

この現象で面白いのは，もちろん電子波の位相干渉という現象が目にみえる抵抗やコンダクタンスという電気量として現れる点である．さらに，外部磁場はリングや円筒にふれることなく，それらの内部貫通させているにもかかわらず位相変調が生じる点，つまりベクトルポテンシャルという数学的道具に思われていた物理量が，実際に存在することが証明されている点である．この効果は，理論的には古くから予言されていたが，実験的にこれを初めて示したのが，1980年代後半に行われた日立の外村らによる位相のよくそろった電子線を用いた実験であった．当時，現在のように電子波の位相コヒーレンス長より小さいサイズのリングの作製は困難であったので，彼らは2本の電子線の干渉効果を利用した．電子線と磁場自身との相互作用を完全に防いだうえで，ベクトルポテンシャルの存在するリング内部に，1本の電子線のみを通過させ，外部を通ってくる他方の電子線と干渉させ，干渉縞の変化を観察した．その結果，見事に干渉パターンが変化することを証明した．

また，ここで述べた AAS・AB 効果では零磁場付近で磁気抵抗は最大になり，印加磁場の増大とともに周期的振動を伴いながら，磁気抵抗の平均値が下

4.2 電子波の位相コヒーレンスとクーロン振動

がっていく．これは，円筒を縦に切り割いて二次元薄膜にした場合に顕著に出現する**弱局在**と呼ばれる干渉効果でもある．二次元平面内にこのような位相干渉経路がある場合，薄膜に垂直に印加した磁束が経路内部を貫通すれば，同様の現象が生じるわけである．これに対して，原子番号の大きい，つまり質量の重い元素でチューブを構成した場合，逆の位相干渉が生じる．つまり位相が π ずれて点 a での電子波の存在確率が極小になった結果，零磁場での磁気抵抗が最小になり，周期振動を伴いながら抵抗は増加していく．これは**反局在**と呼ばれる現象で，質量の重い（アルカリ金属）元素に顕著な**スピン・軌道相互作用**により電子のスピンが反転した結果，位相が π ずれることに起因していることがわかっている．実際にマグネシウムやリチウムでチューブを形成した場合，図 4.4 に示すように図 4.3 とまったく逆の振動が出現することが実験で確認されている[8]．また，コンダクタンスの温度-磁場特性もこれとほぼ同様の理由で，低温部でスピン・軌道相互作用に依存して，正・負の異なった結果が出現する．

さて，前述したように，現在は化合物半導体の二次元電子ガスを用いること

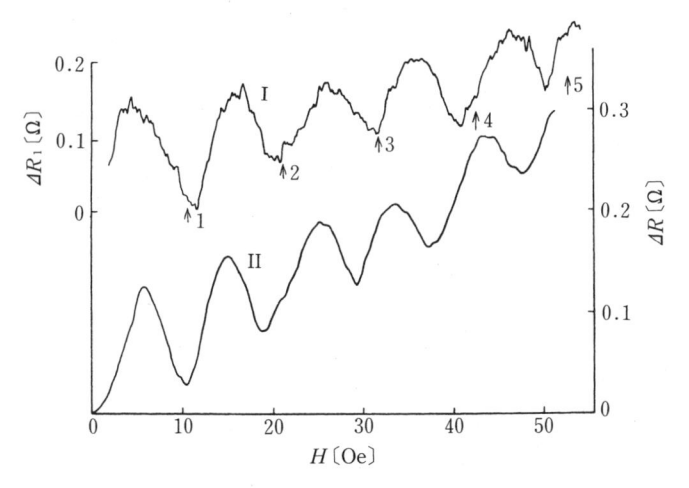

図 4.4 マグネシウム薄膜チューブにおける反局在を伴う AAS 振動
($1\,\mathrm{Oe} = 1/(4\pi)\,[\mathrm{kA/m}]$)
(D. Y Sharvin and Y. V. Sharvin, Sov. Phys. JETP Lett. 34, 272 (1981))

で平均自由行程の大きいサンプルが容易に形成できるので，位相保存長の観点からサンプル全領域で位相が保存されている程度の大きさのリングは容易に作製できるばかりでなく，そのリングに量子ドットを挿入することも可能である．その結果，単一電子トンネリングがリングの位相干渉（AB効果）にもたらす影響，逆に外部環境に存在する位相コヒーレンスと単一電子トンネリングの相関が明らかにされた．有名なのは**ヤコビらによる実験**である[9]．

彼らは，図4.5に示すようなパターンで二次元電子ガスからなるABリングとその中に挿入された量子ドットを作製した．図4.6のように，量子ドットにゲート電圧を印加することでクーロン振動が起きてリングに電流が流れ，それは印加磁場に対して周期的振動を示し，AB効果の存在を証明する．さらに，各クーロン振動ピークで測定したリング内の電子波の位相は，図4.7のようにまったく同じであり，量子ドットによる単一電子トンネリングにより，外部環境（ABリング）での位相コヒーレンスが破壊されないことがわかる．

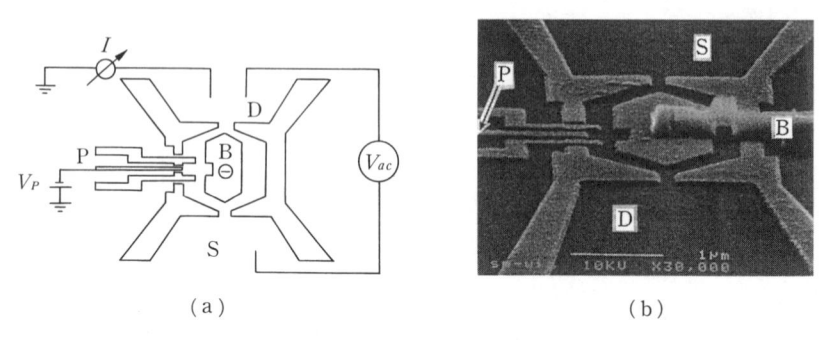

(a)　(b)

図4.5　ヤコビの実験で使われた電極パターン．二次元電子ガスからなるABリングの図中左側に量子ドットが挿入されている．
(Yacoby, M. Heiblum, D. Mahalu and H. Shtrikman, Phys. Rev. Lett.74, 4047 (1995))

さらに，興味深いのは図4.8(b)のように一つのクーロン振動ピークに注目したとき，その中で電子波の位相がπ変化していることが発見されたことである．この原因は，彼らの論文中では明らかにされなかったが，次節で述べるように量子ドット中の電子のスピン相関，つまり**スピンコヒーレンス**がこれに強く関与していることが後日明らかになった．

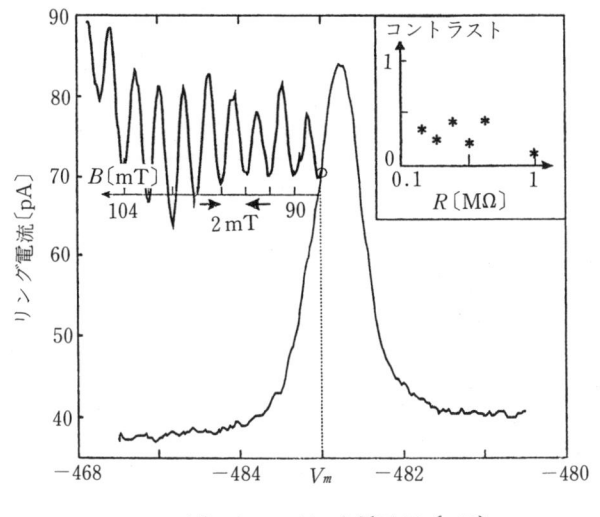

4.2 電子波の位相コヒーレンスとクーロン振動　　*167*

図 4.6 リング電流のゲート電圧依存性．上挿入図は V_m の固定ゲート電圧での AB 効果を示す磁気電流振動．下挿入図はリング平均電流で規格化した振動電流振幅のドット抵抗依存性
(Yacoby, M. Heiblum, D. Mahalu and H. Shtrikman, Phys. Rev. Lett.74, 4047 (1995))

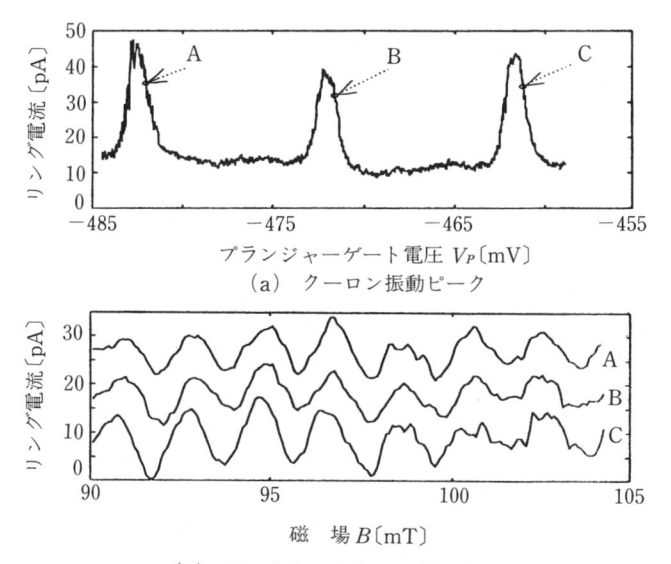

(a) クーロン振動ピーク

(b) ピーク上の各点での磁気電流振動

図 4.7 (Yacoby, M. Heiblum, D. Mahalu and H. Shtrikman, Phys. Rev. Lett.74, 4047 (1995))

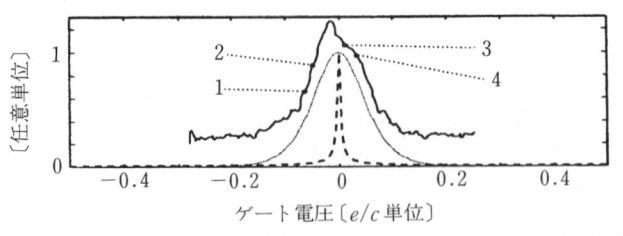

(a) 一つのピークの温度依存性。破線は $T=0$，実線は測定値

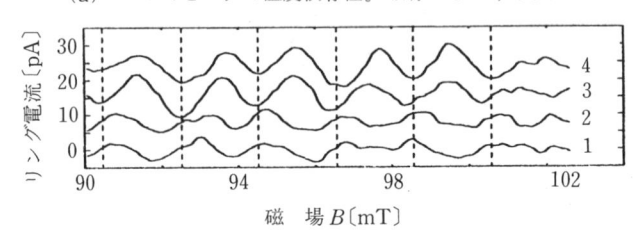

(b) 位相シフトを表すピークの各点での磁気電流振動

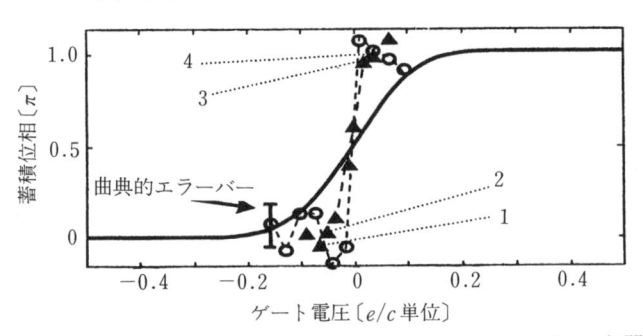

(c) 二つのサンプルで測定された位相シフトとゲート電圧の相関。実線は一次元共鳴トンネリングモデルでの計算値，破線は単なるガイド

図4.8 (Yacoby, M. Heiblum, D. Mahalu and H. Shtrikman, Phys. Rev. Lett.74, 4047 (1995))

4.3 スピンコヒーレンスとクーロン振動周期：単一電子トンネリングスペクトロスコピー（人工原子）

前節では，接合の外部電磁場環境に存在する電子波の位相と単一電子トンネリングとの相関を述べた。本節では位相成分の一つとして電子のスピンコヒーレンスと単一電子トンネリングの相関について説明する。ここでは，量子ドッ

ト内の量子化準位に存在する電子のスピンと，外部から量子ドット内に流入しようとする電子のスピンの相互作用の結果が，単一電子トンネリングに影響を及ぼすという実験例を説明する．逆にいえばこの実験では，ドット内の電子のスピン状態を単一電子トンネリングを通して知ることができるわけで，**単一電子トンネリングスペクトロスコピー**としてデルフト工科大学の Leo Kouwenhoven, 樽茶らのグループを中心にして**人工原子・分子**などの観点から現在盛んに研究されている[10]．

樽茶らのグループは，**図 4.9(b)**のような形状の量子ドット構造を形成した．この構造では，平均自由行程の大きい二次元電子ガス層を含む化合物半導体層が円筒状に切り取られており，その結果両側から障壁層で挟まれたディスク状にパターニングされた二次元電子ガス層が形成されている．このことがこの構造の第一の特徴である．前述したとおり，量子ドットにはさまざまな作製方法，形状がある．この方法では空乏領域でパターニングせず，直接円筒以外の部分の結晶をを切り取っているわけであるから，電子の閉じ込めはきわめて良い．このディスク状量子ドット内のポテンシャル形状は直径方向の次元ではパラボリックになり，調和振動子型の量子化準位が形成される．このディスク状の二次元電子ガス層を制御するためにその周囲にゲート電極を設ける．円筒上下方向に流すソース-ドレーン電流は，いったんこの量子ドット領域をトンネリングして流れるわけであるが，クーロン振動の項で説明したように，ソース-ドレーン電圧を固定してドット内のエネルギー（量子準位）をゲート電圧で上げ下げすることでドット内に流入する電子を1個ずつ制御できる．これは**クーロンダイヤモンド**の原理であり，この場合，量子準位がソース側とドレーン側の化学ポテンシャルの間にきたときに，1個の電子はトンネリングしてドット内に入り量子準位の上に安定に存在し得る．このことは，この実験で最も重要な点であり，単一電子トンネリングの原理がきわめて有効に使われている．

さてこのとき，流入した電子の準位への詰まり方は，**パウリの排他則**と**フントの法則**で決まり，電子はこれらの条件を満たしながら最低準位から詰まって

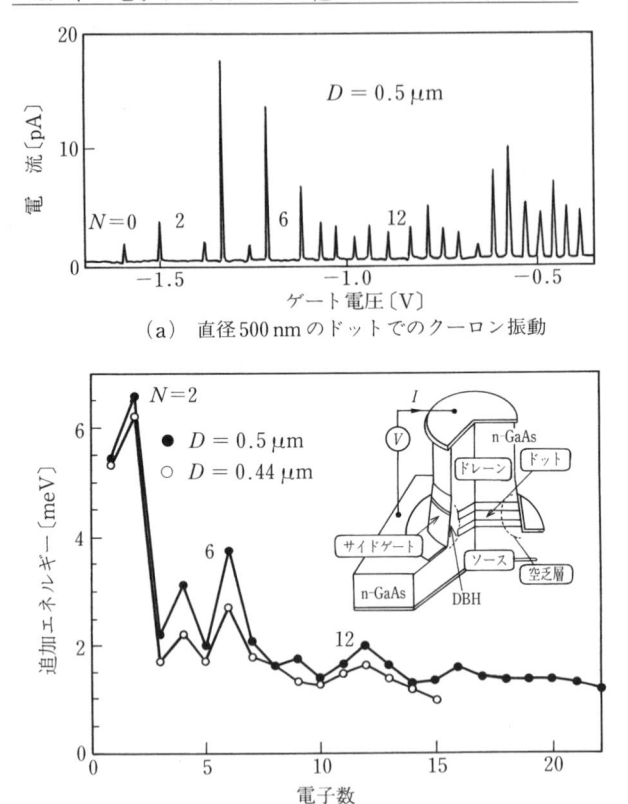

(a) 直径 500 nm のドットでのクーロン振動

(b) 二つの直径の異なったドットでの追加エネルギーの
ドット内電子数依存性。挿入図は量子ドット（人工原子）
の外観模式図

図 4.9 (S. Tarucha, D. G. Austing, T. Honda, R. J. van der Hage and L. P. Kouwenhoven, Phys. Rev. Lett. 77, 3613 (1996))

いく。したがって，1個の電子を入れたのち，つぎの電子を入れるのにどれだけのエネルギーが必要であるか，つまり，クーロンピークのゲート電圧間隔（エネルギー）を正確に観察することで，ドット内部の量子準位とその上の電子状態を知ることができる（もちろん，帯電エネルギーは基本的には定数であり，どのピーク電圧に対しても均等に寄与するので電子状態には影響しない）。原理としては非常に単純であるにもかかわらず，実験結果はこの量子ドットがまさに原子のように電子を閉じ込める，人工原子になり得たことを美しいデー

タで教えてくれている。

　図4.9(a)は，このようにして得られたクーロン振動の結果である．ドット内部の電子が完全に空乏化する負のゲート電圧から，しだいに電圧を増加させていくことでドット内の電子数を1個ずつ制御しながら増加できる．ドットサイズは平均自由行程より小さく，ドット内で電子の散乱はないので，極低温ではクリアな量子化エネルギー準位が形成され，電子はその準位上に存在する．各振動ピークにはドット内に存在する電子数が記述されているが，2，6，12の位置でピーク間隔が大きいことがわかる．つぎの電子を流入させるのに必要なエネルギーを **additional energy** として，各ピーク間隔から見積もると，図4.9(b)のようになるが，2，6，12のほかにも4，9，16の箇所でいくぶん大きいエネルギーが必要であることがわかる．さて，このパラボリックなポテンシャル中の量子準位はシュレディンガー方程式から，つぎのように計算できる．

$$E_{n,l} = (2n + |l| + 1)\hbar\left(\frac{1}{4}\omega_c^2 + \omega_0^2\right)^{1/2} - \frac{1}{2}l\hbar\omega_c \tag{4.6}$$

ここで，n，l は1章で説明した主量子数，軌道角運動量量子数に相当するものであり，パウリの排他則に基づいて各電子がすべて異なる値を持つ．また，ω_c は電子のサイクロトロン運動に関する角振動数である．さて，この ω_c を0と仮定すると，話の本質はわかりやすい．つまり，例えば1個目のドット内電子が $(n, l) = (0, 0)$，2，3個目が $(n, l) = (0, -1), (0, +1)$，4，5，6個目が $(n, l) = (0, -2), (0, +2) (n, l) = (1, 0)$ で指定できる．各電子は，さらにスピン量子数について二重に縮退しているから，実際はこの2倍の数の電子が関与している．したがって，同じ $E_{n,l}$ をとる電子が同一軌道（準位）上にあることを考えると，最内殻軌道（最低量子準位）を埋めるには2個の電子が，その一つ外側の軌道まで埋めるには6個の電子が，そのつぎの軌道まで埋めるには12個の電子が必要になることがわかる．まさに，これは図4.9(b)での additional energy が大きいピーク間隔のドット内電子数に一致しており，つぎの軌道，つまり量子準位まで電子を持ち上げるために準位間隔

分の大きいエネルギーが必要になることで理解できる．これらの数は，**閉殻構造**を形成するので**魔法数**と呼ばれる．

さて，つぎにこのドットに磁場を印加し，これらのクーロンピークが出現するゲート電圧がどのようにシフトするかを観察した結果を図 4.10 に示す．まず，気づくのは二つずつのピークが対になって動くことである．印加磁場に敏感なのは n と l であるので，これらは同一の (n, l) を持った電子で異なるスピン量子数を持つものの対であると考えられる．面白いのは，図 4.11(b) でよくわかるように，例えば $N = 6, 7$ のピークで 1.3 T 付近の磁場でピークラインが反交差している点や，図 4.12 のように $N = 4, 5$ のピークが 0.4 T で傾きを大きく変えている点であろう．前者は，図 4.11(a) の計算結果で見られるように，磁場により $(n, l) = (0, -1)$ と $(0, 2)$ の量子準位が交差するためである．また後者は，ピーク対は基本的には反平行のスピンが対を組んでいるものであるが，零磁場付近，つまり初期に電子が準位に入ったときは，フント則

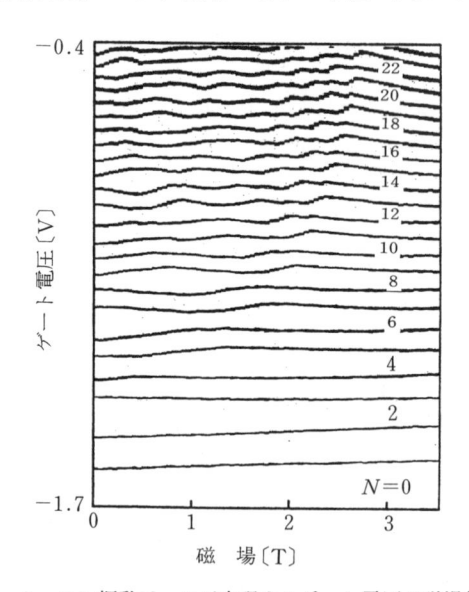

図 4.10 クーロン振動ピークが出現するゲート電圧の磁場依存性
(S. Tarucha, D. G. Austing, T. Honda, R. J. van der Hage and L. P. Kouwenhoven, Phys. Rev. Lett. 77, 3613 (1996))

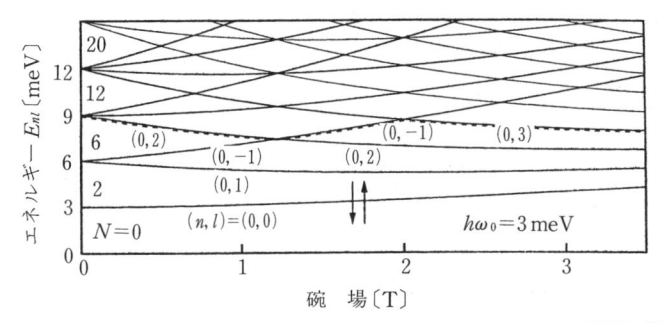

(a) パラボリックポテンシャル中の1粒子エネルギーの磁場依存性の計算結果。各エネルギーは2個の縮退したスピンを含む

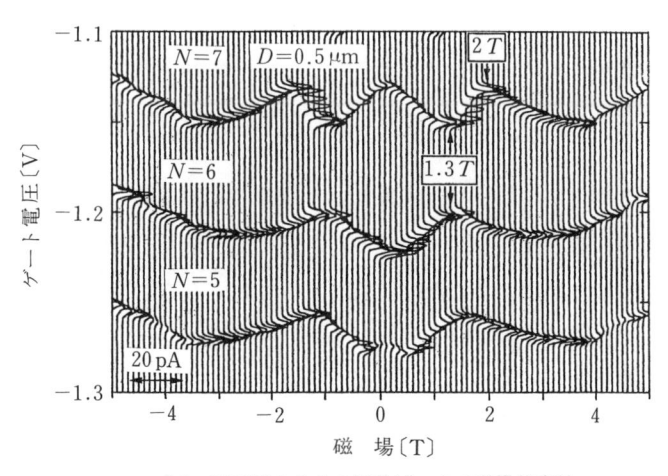

(b) 電子数5,6,7の振動ピークの磁場依存性

図4.11 (S. Tarucha, D. G. Austing, T. Honda, R. J. van der Hage and L. P. Kouwenhoven, Phys. Rev. Lett. 77, 3613 (1996))

に従って入ったためであると考えられている。磁場が増加するにつれ、殻構造が崩壊しフント則は破れ、より安定なエネルギー状態になるように同一殻上の電子スピンは反平行になる。これも図4.11(a)の計算結果でよく説明できる。

これらは見事な実験結果で、サイズとしては自然原子よりはるかに大きいこの**人工原子**においても、原子同様の電子状態が存在していることを確認し、また、逆に人工原子ならではの磁気特性を報告した点で重要であろう。またドットの帯電効果により電子を1個ずつドット内に出し入れできる単一電子トンネ

(a) 電子数 3, 4, 5, 6 の振動ピーク
の磁場依存性

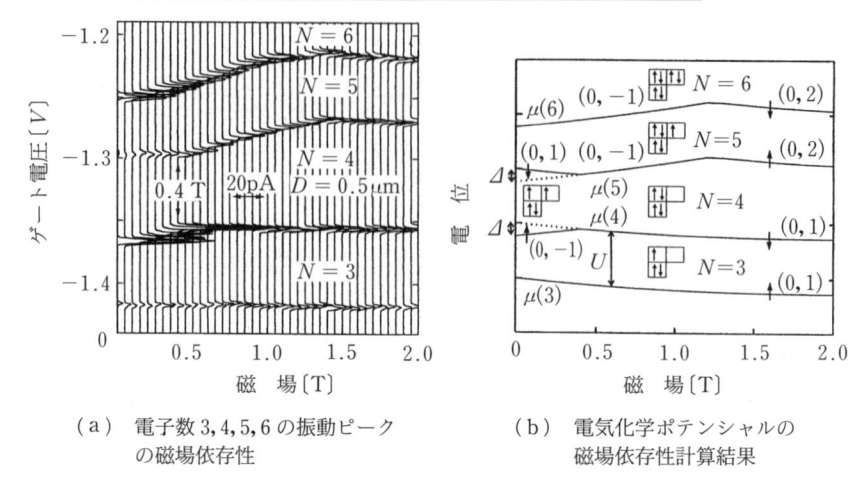

(b) 電気化学ポテンシャルの
磁場依存性計算結果

図 4.12 (S. Tarucha, D. G. Austing, T. Honda, R. J. van der Hage and L. P. Kouwenhoven, Phys. Rev. Lett. 77, 3613 (1996))

リングの原理を鮮やかに利用した実験という意味でも興味深い. 自然に存在する原子の性質は, ある程度わかっているし, 逆にそれを人工的に制御して量子効果を調査することは, いまの微細技術をもってしてもそう簡単なことではない. その意味で, この実験は原子に人工的にリード線をつけてその形状などが与える量子効果の研究を可能にしている点で意義深い. また, この量子ドットに局在するスピンとリード線中の伝導電子の相関から近藤効果の研究も可能である. 実際に, 最近 Leo Kouwenhoven・樽茶・NTT グループは, さらに形状を変えた人工原子や人工分子を作製し, 特有の電子状態, 近藤効果などを報告しており, 今後も新たな量子効果の発見があることが期待されている.

4.4 クーロン振動ピーク高さへのゆらぎの影響

接合外部環境のゆらぎがクーロンブロッケードに与える影響は単一接合系では詳細に述べた. ここでは, 量子ドットでのクーロンブロッケード (振動) コンダクタンスピーク高さにゆらぎが与える影響について簡単に説明する.

前節までに説明したように, 量子ドットでの単電子輸送は基本的に位相コヒ

ーレンスを破壊しない(もちろんスピンの相互作用がある場合はそれに応じて複雑な振舞いを示すが).しかし,リード線を接続した量子ドットへの単電子輸送の過程でなんらノイズ,ゆらぎも生じないとは考えにくい.量子ドット内部は弾性的な領域にあっても,リード線との接続部やリード線そのものでのさまざまな散乱は,ゆらぎやノイズを電気特性に導入し,単電子輸送に影響を及ぼすはずである.

スタンフォード大学の Charles Marcus(現ハーバード大学)らは,図 4.13(a)のような量子ドットにおいて,このようなゆらぎと**クーロンブロッケード**

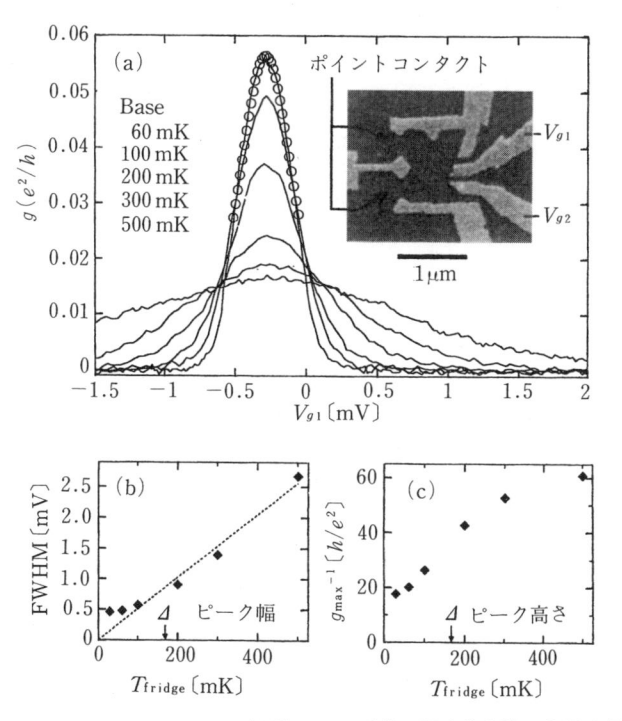

図 4.13 (a)クーロンブロッケード(振動)ピーク形状の温度依存性.○印は理論に基づいた $\cosh^{-2}$ 関数による計算値.挿入図は実験に使われた量子ドット.平均自由行程は約 9μm の二次元電子ガス層を使っているので,ドット内で電子の輸送はバリスティックである.二つのゲートでドット形状を調整できるのが,ゆらぎの実験にとって重要.(b)FWHM で測定されたピーク幅の温度依存性.(c)ピーク高さの温度依存性.
(J. A. Folk, S. R. Patel, S. F. Godijn, A. G. Huibers, S. M. Cronenwett and C. M. Marcus, Phys. Rev. Lett. 76 (10), 1699 (1996))

コンダクタンスピーク高さの相関を詳しく調査している[11]。この量子ドットの特徴は二つのゲート電極 V_{g1}, V_{g2} により，ドット形状を変化できる点にある。また，もちろんこのゲート電圧により前節で説明したようにクーロン振動を制御できる。さて，こうした量子ドットでのクーロンブロッケードコンダクタンスピーク高さは，Jalabert らのランダムマトリックス理論を用いた計算によれば

$$g_{\max} = \frac{e^2}{h}\frac{\pi}{2kT}\frac{\Gamma_l\Gamma_r}{\Gamma_l+\Gamma_r} \equiv \frac{e^2}{h}\frac{\pi\overline{\Gamma}}{2kT}\alpha \tag{4.7}$$

のように与えられる。ここで，Γ_l, Γ_r はおのおのドットに結合された左右のリード線を介した電子溜めへのトンネル確率に $\hbar$ を乗じたものである。クーロンブロッケードコンダクタンスピークへのゆらぎは，外部磁場，量子ドット形状，ドット内電子数などを介した，これら Γ_l, Γ_r の変化により導入される。

図 4.13 は，クーロンブロッケードコンダクタンスピークの V_{g1} および温度依存性の測定例である。温度の上昇とともにピーク高さは減少・飽和し，ピーク幅は増大する。Marcus は，これらの特性が式(4.7)に一致するが，それらから算出されるドット内の離散エネルギーレベルの間隔 $\varDelta$，熱エネルギー kT，トンネル確率 Γ が，$\Gamma\sim 0.1\varDelta < kT \sim 0.5\varDelta < \varDelta$ の関係になり，理論が仮定する $\Gamma \ll kT \ll \varDelta$ とは定量的に異なるので，理論の適用に注意が必要であることを指摘している。

さて，左右のリード線と介したトンネル確率が等しいとき，クーロンブロッケードコンダクタンスピーク高さの普遍的な分布確率は次式で与えられる。

$$P_{(B=0)}(\alpha) = \sqrt{\frac{2}{\pi\alpha}}e^{-2\alpha} \tag{4.8}$$

$$P_{(B\neq 0)}(\alpha) = 4\alpha\{K_0(2\alpha)+K_1(2\alpha)\}e^{-2\alpha} \tag{4.9}$$

ここで，K はベッセル関数である。実験的にはこの統計分布はいくつかのピーク上で V_{g2} または外部磁場変化を伴って，V_{g1} を繰り返し変えて測定することで観察できる（図 4.14）。その結果が図 4.15 である。磁場の有無の両方

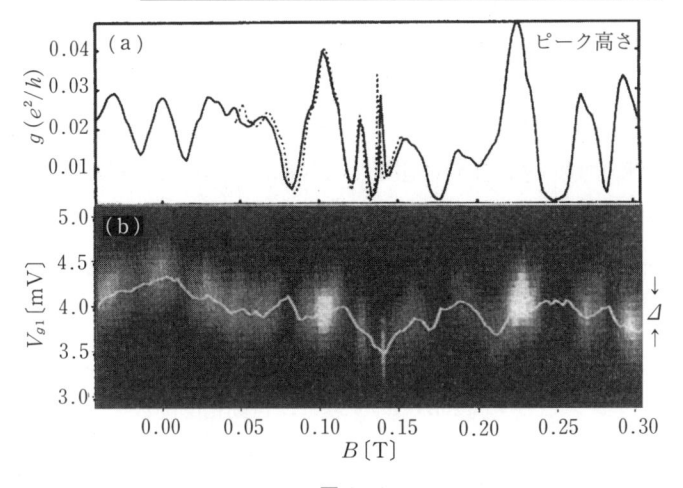

4.4 クーロン振動ピーク高さへのゆらぎの影響   177

図 4.14

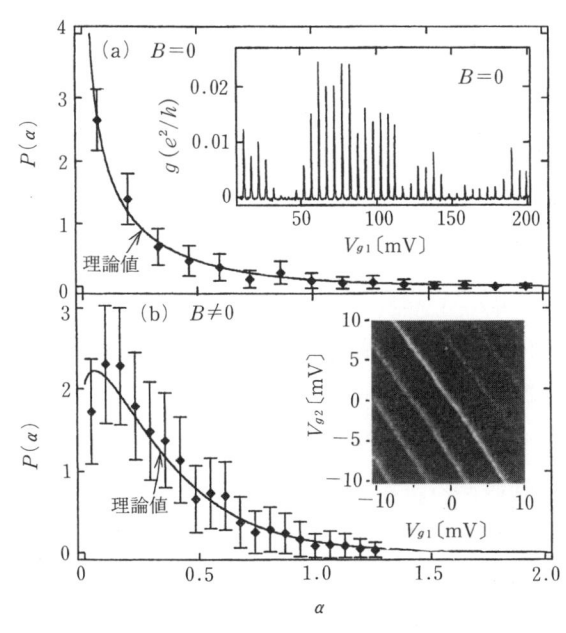

図 4.15 クーロンブロッケードコンダクタンスピークの高さ a に対する分布。(a)印加磁場なしの場合。挿入図はこの分布の算出に使ったクーロン振動の例。(b)印加磁場ありの場合。(b)の挿入図は，同じドット面積でクーロン振動ピークを出現させる V_{g1}，V_{g2} の組合せで，白い線がピークを意味する。(J. A. Folk, S. R. Patel, S. F. Godijn, A. G. Huibers, S. M. Cronenwett and C. M. Marcus, Phys. Rev. Lett, 76 (10), 1699 (1996))

の場合で上式で良くフィッティングできている。

つまり，磁場を変化させリード線トンネル確率にゆらぎを導入した結果を観察したのが図4.14，4.15であるといえるが，図4.14(a)でコンダクタンスピーク高さは実際にゆらぎ，正負の磁場での対称性が高いことがわかる。また，最大ピークの位置がゆらぐことも確認できる。これらは，トンネリングに関与しているドット内エネルギー準位がパラメトリックに動いている直接の証拠である。

さて，このような磁場により引き起こされるコンダクタンスピークゆらぎの平均コンダクタンスピーク高さからのずれは，自動相関関数

$$C(\Delta B) = \left\{1 + \left(\frac{\Delta B}{B_c}\right)^2\right\}^{-2} \tag{4.10}$$

で表される。ここで，相関関数 B_c は $B_c A \approx \kappa \Phi_0 (\tau_{cross}/\tau_H)^{1/2}$ なるもので，κ はドット形状を反映する因子，Φ_0 はドット内を通過する一磁束の大きさ，τ_{cross} は電子がドットを横切る時間，$\tau_H = \hbar/\Delta$ は各離散エネルギー間隔に関した不確定性の時間である。つまり，この関数の変化率は B_c と ΔB の比で決まる。

図 4.16(a)にベース温度と 300 mK でのこの相関関数の振舞いを示す。低磁場側でのみ式(4.10)と一致することがわかるが，Marcus らは B_c 中の $\tau_H = \hbar/\Delta$ を熱エネルギーやトンネル確率に関した不確定性時間まで含めて最も小さい値を選ぶことで B_c を大きくし，相関関数の変化率（つまり落ち）を急激にすることで，式(4.10)による高磁場側までの良いデータフィッティングが可能であることを指摘している。さらに，図(b)よりゲート電圧によりオープンドット状態にもっていき（つまりクーロンブロッケードを効かなくさせ），リード線中の電子伝導のチャネル数 $N(g = e^2/h \times N)$ を増やすことで B_c が増大することがわかる。これも $\tau_H = \hbar/\Delta$ を小さくする因子を選択することで説明できるかもしれない。

最後に，図(c)より弱クーロンブロッケード状態では，ゲート電圧の変化に対して B_c および磁場平均コンダクタンスがたがいに逆方向に振動することが

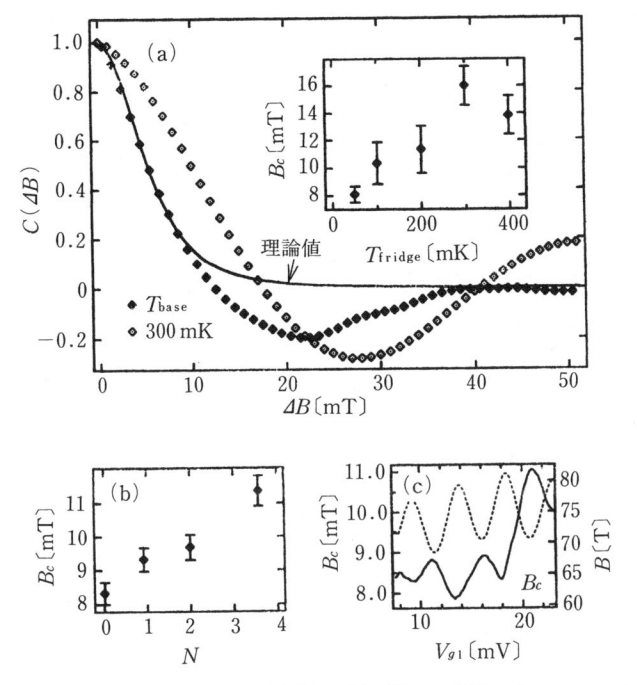

4.4 クーロン振動ピーク高さへのゆらぎの影響

図4.16 (a) ピーク高さと磁場自動相関関数。挿入図は，理論によるフィッティングから求められた相関磁場の温度依存性。(b) 相関磁場のリード線の量子化コンダクタンスチャネル数依存性。ドットを開くことでチャネル数は変化させられる。
(J. A. Folk, S. R. Patel, S. F. Godijn, A. G. Huibers, S. M. Cronenwett and C. M. Marcus, Phys. Rev. Lett, 76 (10), 1699 (1996))
(c) 相関磁場と磁場平均コンダクタンスのゲート電圧依存性
(J. A. Folk, S. R. Patel, S. F. Godijn, A. G. Huibers, S. M. Cronenwett and C. M. Marcus, Phys. Rev. Lett, 76 (10), 1699 (1996))

わかる。つまり，B_c の極小点では磁場平均コンダクタンスは極大をとる。Marcus らはオープン量子ドットにおけるデコヒーレンスからの類推で，これを数と位相の不確定性と解釈している。磁場平均コンダクタンスの極小点ではクーロンブロッケードが効き，数の不確定性が抑えられているので，逆に位相の不確定性は増加し，それが B_c を増大させるという解釈である。

このように，量子ドットで，クーロン振動ピーク高さ・出現位置にゆらぎが強い影響を与えることが，実験的に確認・理解できた。それは外部磁場，ドット形状などによるリード線を介したトンネル確率へのゆらぎの導入に起因して

いた。Marcusらは，さらにオープン量子ドットやチャネル数を制御した量子ドットで量子カオス，特異なゼーマン効果などに関する数多くの優れた研究をしている[12]~[15]。また，最近では前述したヤコビの実験のABリングに複数の量子ドットを挿入し，位相コヒーレンスとドット内スピン相互作用の相関を調査している。

4.5 単一接合系での外部電子間相互作用，位相干渉とクーロンブロッケード

これについては，われわれの実験結果を2章で詳細に説明した。外部環境中の電子間相互作用により形成された高インピーダンス（＞抵抗量子）外部電磁場環境は単一トンネル接合でのクーロンブロッケードの出現を可能にした。電子間相互作用でのエネルギー散逸は小さいが，それでもトンネリング電子がそのエネルギーを放出するに足りるものである可能性があり，またこれによる外部ゆらぎの遮断もクーロンブロッケードに寄与した。その意味では位相相関理論にあっていたといえる。しかし，その一方で，電子間散乱そのものが位相ゆらぎを引き起こし，クーロンブロッケードを破壊する方向に働くこともわかった。このゆらぎエネルギーの量子と帯電エネルギーが等しい温度が，クーロンブロッケードが消滅する転移温度であった。

また，外部高インピーダンスが位相干渉効果（つまり局在）により形成された場合でもクーロンブロッケードは出現した。位相干渉効果は基本的には弾性的現象でエネルギー散逸を伴わない。したがって，これは，位相相関理論が主張するクーロンブロッケードが起きるため（つまりトンネリングが抑制されるため）に高インピーダンス環境へのエネルギー散逸が本当に必要であるのか？という疑問をわれわれに提示した。エネルギー散逸はもちろん必要であろうが，必ずしも高インピーダンスは必要ないのではないか？という疑問でもあった。高インピーダンスにより外部ゆらぎを絶縁するだけでクーロンブロッケードは生まれるのではないだろうか？　これについては，実験とその解析も含めてさらなる調査が必要である。

5 単一電子トンネリングを応用した回路素子

5.1 はじめに

 単一電子トンネリングの研究が盛んになったのは，"まえがき"でも述べたように，微細加工技術の進展が，室温でのこの現象の出現と応用を可能にしたからであった．その意味でも基礎的な物理現象の理解から離れて，回路素子応用への期待も非常に大きいものがある．
 もともと微細加工技術の発展は，半導体素子の性能を向上させるための主要な手段の一つとして行われてきた．例えば，トランジスタの高周波性能指数の一指標として**遮断周波数** f_t があるが，それは $f_t = v_s/L_g$ で与えられる（v_s は電子の**飽和速度**，L_g はトランジスタの**ゲート長**）．この f_t が大きいほどトランジスタは高周波（高速）で動作可能である．つまり，主として結晶材料から決まる v_s であった場合，"L_g を小さくすること"が最も単純な性能向上への近道なのである．同時に，これは素子の集積密度をも増大させるので，まさに一石二鳥で半導体集積回路の特性を向上させ得る．半導体結晶材料の改善とともに，このシナリオ（いわゆるスケーリング則）にのって，ひたすら微細化技術が進歩し，それはわれわれに高性能な半導体ICチップとそれを心臓部としたさまざまな電子機器を提供してきたわけである．
 しかし，サブミクロン以下の微小領域に足を踏み込むに従い，このシナリオは崩れてくる．その理由の一つはトランジスタ性能そのものの微細化に対する**スケーリング則**が成り立たなくなるからであり，もう一つはこれまで説明して

182　5. 単一電子トンネリングを応用した回路素子

きたさまざまな量子・メゾスコピック現象が顔を出し事態を複雑にするからである。単一電子トンネリングは，この両者がクロスオーバする領域でもあり，基礎学問的な観点からの要求に加え，究極の微細素子としての応用への期待が高まっているのである。

そこで，本章ではごく簡単にではあるが回路素子の応用例について説明する。単一電子トンネリングを利用した素子回路系は大きく二つの流れに分けられる。

一つは，従来の論理回路の延長上である究極の微小回路系であり，他方は従来の発想とはまったく異なった**新機能素子**（高度情報処理回路）を形成するものである。

図 5.1 は情報処理システムの系譜を示す際に，しばしば用いられる例である。これよりわかるように，現在主流である論理ゲートはそのほんの末端でしかないことがわかる。したがって前者の流れのように，この枝のなかでいくら単一電子トンネリングを用いた回路素子を検討していっても，劇的な結果を得ることは困難であるのかもしれない。その意味では後者のように，系譜をさかのぼって，より機能的に直接的に目的を実行できる回路素子応用を探し，例えば非ノイマン型コンピュータ，ニューラルネットワークなどを実現することが必要であろう。本章では，この両者の観点を含め，単一電子トンネリングの回路素子応用を説明することにする。

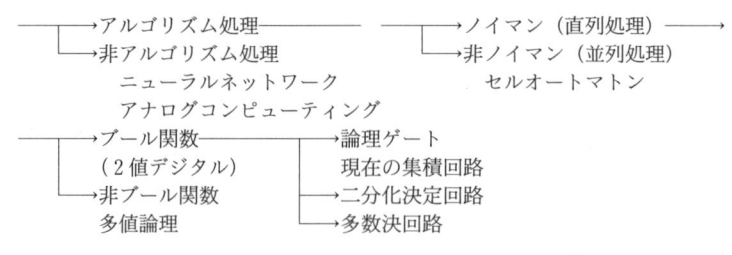

```
    ┌─→アルゴリズム処理─────        ┌─→ノイマン（直列処理）────→
────┤                              ────┤
    └─→非アルゴリズム処理                └─→非ノイマン（並列処理）
        ニューラルネットワーク              セルオートマトン
        アナログコンピューティング

    ┌─→ブール関数─────     ┌─→論理ゲート
────┤    （2値デジタル）       │   現在の集積回路
    └─→非ブール関数           ├─→二分化決定回路
        多値論理              └─→多数決回路
```

図 5.1　情報伝達処理アーキテクチュアの系譜例

5.2 従来型論理回路への応用と問題点

まず,前者として最も直接的なのは,メモリに用いたものであろう。これは,日立により1990年代初めに発表され世界初の室温動作SET論理素子として当時話題を呼んだものである[1,2]。この素子は,ポリシリコンを一種のフローティングゲートとして用い,その中に存在する数10 nmの直径の孔に単一電子を出し入れすることでMOSFETをオン・オフし,メモリ動作を実現した。実際に書込み前後に測定されたチャネル電流の差は,電子1個分の素電荷により説明された。現在では日立で128 Mbitもの集積度を持つ単電子メモリが実現され,実用化に向けて開発されているようであるし,他社での開発もめざましい。また,SETトランジスタそのものは基本的には増幅作用を持たないが,接合の容量結合(C-SET),抵抗結合(R-SET)などを工夫することで,さまざまな単一電子論理回路が作成されている。

さて,重要なのはこのような単一電子回路が従来の論理回路に比べてどのような長所を持ち得るかである。いろいろ議論はあるが,少なくとも定性的に以下のような点はあげられそうである。

① **集積度**の向上
② 単位素子当りの**消費電力**の低減
③ **素子寿命**の増大

①は,微小な接合,特に室温動作を目指せば数10 nmオーダの接合の組合せが必要なわけであるから,必然的に素子サイズは小さくなり,集積度は飛躍的に向上する。

②は,使う電子が1個であるわけであるから,消費電力 $P = I \times V = nev \times V$ (Iは電流,Vは電圧,nは電子数,eは素電荷,vは電子の飽和速度)とすると,$n=1$になり,低減されるのはあたりまえである。逆に回路全体としての総消費電力が同じでありながら,より多くの素子を集積・動作できるとも解釈できる。

③は，この消費電力低減に伴う熱の発生を低減できることも間接的には関係するが，直接的には，例えば前述したフローティングゲートに1回の読み書き動作で，出入りする電子の数が激減すれば，トンネル膜の寿命は当然ながら向上する．

しかしながら，ここで述べた長所が果たして定量的にどのくらいのインパクトを次世代デバイスとして与え得るか？というのはむずかしい質問である．例えば，素子動作スピードの飛躍的な向上などであれば，素子性能に直接関与し強烈なインパクトを与えるように思えるが，ここでの長所は間接的であり，その他の方法でも実現できそうな印象をまぬがれない．したがって，これらの長所のインパクトは，単一電子素子実用化のために乗り越えなければならない問題点との相対的比較のなかで見えてくるのかもしれない．

しかし，この問題がなかなかたいへんである．例えば，帯電エネルギーで決まるしきい値は容量の変化にきわめて敏感であり，基板上の少しの背景電荷，不純物などの存在で簡単に変わってしまう．また，コトンネリングにより電子が漏れ出す場合もある．これらの影響を受けにくい回路を実現したとしても，逆にそれが素子数を増加させることになりかねない．とにかく，1個の電子の閉じ込め・開放を正確に制御するわけであるから，その回路素子の量産はそう容易ではなさそうなことは十分推測できる．

このような山積する問題点を克服してまでもやるだけのメリットをいったいどこに見い出すか？　それが従来の論理回路の延長線上に単一電子トンネリング素子が生き残るターニングポイントであろう．

5.3 新機能素子

量子効果を用いて従来の論理素子とまったく異なる機能を持つ素子回路を形成することは長い間にわたる人類の夢であるといっても過言ではない．それは二つの流れに分類できる．

一つは，電荷の近接効果，電子のスピンの反転など，をうまく組み合わせて

新機能を持たせ，情報処理能力の向上・高速性を引き出す方向である．現在提案されている単一電子トンネリングを用いた機能素子もその一種であると解釈できる．

もう一方は，1章で述べた量子力学のさらに基礎的な概念をコンピュータに応用する，近年まさに**量子コンピュータ**として研究が非常に盛んな方向である．つまり，通常のディジタルビットにおいては1，0の2状態間のスイッチングを用いるが，量子力学の確率解釈ではその重合せからなる中間状態が存在する（**q-bit** と呼ばれる）．この中間状態を利用し，それに適した演算を行わせることで処理能力は飛躍的に向上する．2章のマクロな電荷量子化の節でも述べたように，NECグループがジョセフソン接合で形成したクーパー対箱でクーパー対トンネリングにより形成される帯電エネルギーの2状態間で，実際にこのような中間状態が存在することを確認し，箱中に存在する複数のクーパー対が関与したマクロスコピック量子コヒーレンス過程の可能性を示したのは，この典型例であろう．これはまた，初めて重合せの状態を電気的に制御することに成功したもので，量子コンピュータの実用の可能性を拓いたとして議論された．

これをどのように集積化に向けるのか興味あるところである．そのほかにも単一電子トンネリングを巧妙に利用し，新機能素子を実現しようとする理論・実験的な試みは長い間行われてきているが，前者の観点を含め，いまだに実動作に成功した画期的なものは生まれてきていないというのが現状である．このような複雑な機能素子の実現には，もっと多くの量子物理現象を考慮し，例えばシミュレーション段階で，それらをデータベースに正確に取り入れないと，机上の空論で終わってしまう恐れが高いのかもしれない．しかし，それでも基本的なアイデアとして面白ければ，いつかは実現にこぎつける可能性はある．ここではそのような面白いシミュレーションを中心にいくつかの例を紹介する．

5.3.1 二分化決定素子

表5.1に示すような多入力の真理値表を従来の論理回路で実現するにはかな

表5.1　4入力の真理値表例

x_1x_2 \ x_3x_4	00	01	10	11
00	0	0	1	1
01	1	0	1	1
10	1	0	0	1
11	0	0	1	1

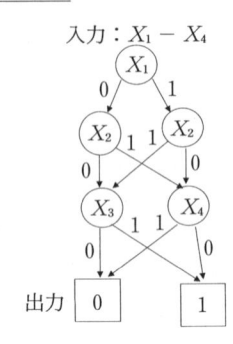

図5.2　二分化決定ダイアグラム例

りの素子数が必要である。これに対して，**図5.2**に示すような**二分化決定グラフ**を用いることで，この真理値表は簡単に表現できる。

入力から入り，各分岐で1,0のどちらかを選択し，つぎの分岐に進むことで，容易に真理値表での最終的な出力に辿り着くことができることがわかる。このグラフの1分岐を単一電子トンネリング接合を用いて回路で表現したのが，**図5.3**である[3]。

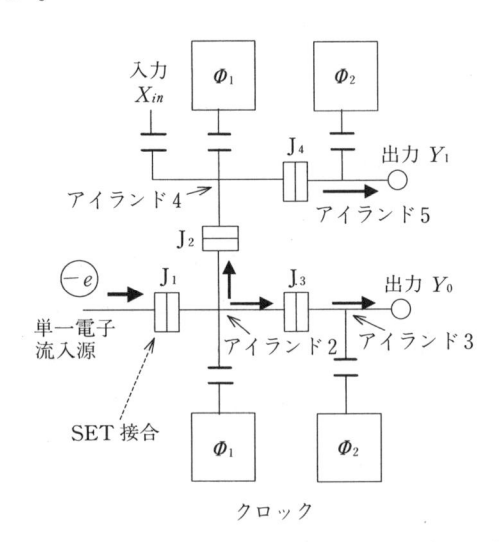

図5.3　単一電子トンネリングを使った図5.2の実現回路例
(N. Asahi, M. Akazawa and Y. Amemiya, IEEE Trans. Electr. Devices 44, 1109 (1997))

原理はきわめて単純である．基本的に流入ブランチから入った電子は，クロック ϕ の入力電圧設定が SET 接合 J の帯電エネルギーで決まるクーロンブロッケード電圧より大きければ，接合 J のみをトンネリングができ，隣接するアイランドに到達する．この回路で入力するクロック，入力信号の電圧振幅はすべてこのようにクーロンブロッケード電圧を超えるような同一の値に設定されている．

さて，この回路のポイントは X_{in} の入力信号である．入力 X_{in} が 0 のときは，電子は ϕ_1 のクロックにより J_1 だけをトンネリングし，アイランド 2 に留まる．つぎのクロック ϕ_2 の切り替えで J_3 をトンネリングし，アイランド 3 に進み，出力 Y_0 より流出する．

これに対して，入力 X_{in} が 1 であるとき，クロック $\phi_1 = 1$ と入力電圧振幅 $X_{in} = 1$ の和は，二つの SET 接合をトンネリングができる程度の大きさに設定されており，その結果，電子は J_1, J_2 をトンネリングし，一気にアイランド 4 まで辿り着くことができる．したがって，つぎのクロックの切り替えで J_4 をトンネリングしアイランド 5 に進み，出力 Y_1 から流出されることになる．

結局，入力電圧 X_{in} のオン・オフで，アイランド 2 での単一電子の輸送分岐を切り替え，単一電子を出力に輸送し，出力端子での電子の存在の有無を出力電圧の 1，0 に対応させることで二分化決定グラフの 1 分岐が実現されていることになる．

まさに，入力のオン・オフとクロックの組合せで電子の経路をうまく切り替え，単一電子を各アイランドに運んでいるわけである．この回路を何段にも接続することで，図 5.2 に示した二分化決定グラフを順に辿っていく過程を，単一電子が辿っていくことになり，全段をそのまま実現できることになる．これはまさにクーロンブロッケード電圧以下の電圧では電子が接合を透過できないという，単一電子トンネリングの原理を巧妙に利用したものである．

図 5.4 に，実際にモンテカルロシミュレーションを行った結果のタイミングチャートを示すが，クロックと入力電圧の切り替えで，電子が出力端子に到達していることがわかる．

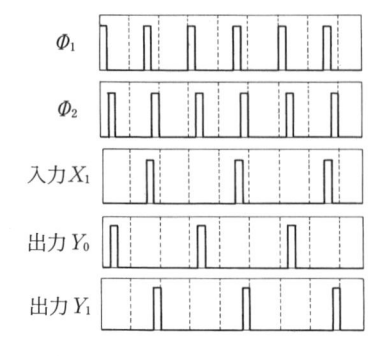

図 5.4 古典モンテカルロシミュレーションによる計算結果

5.3.2 多 数 決 回 路

これは入力端子が奇数個の場合に，入力信号の1，0の数の多いほうを自動的に選んで出力する回路である。例えば，5個の入力信号に対して3個が1で2個が0であれば，数の多い1を出力する回路であり，まさに**多数決論理**を採用した回路といえる。この動作を単一電子トンネリングを利用して実現した回路例を**図 5.5**に示す。入力数は複数の奇数個のうち最も数の小さい3を選んである[4]。またこの回路は入力段と出力段のインバータ回路からなる。入力段では入力信号の1，0の数の少ないほうを選択（少数決）し，それを出力段で反転

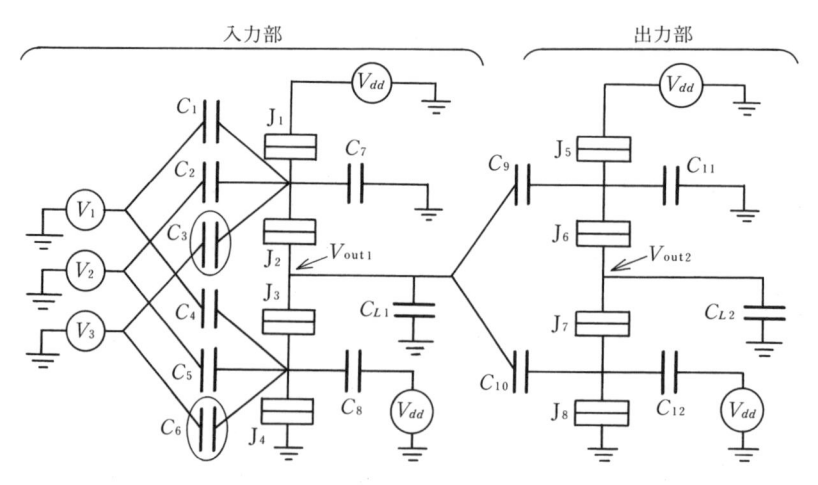

図 5.5 単一電子トンネリングを利用した多数決回路例
(H. Iwamura, M. Akazawa and Y. Amemiya, IEICE E Trans. Electr. 81-C, 42 (1998))

させ，回路全体として多数決論理を実現している．

動作原理はきわめて簡単である．図5.5の入力段において，V_{dd} には正電圧が印加されており，基本的には単一正孔が V_{dd} から，単一電子がアースから，おのおの回路中へ注入されるよう SET 接合部の電位差が設定されている．この電子・正孔の注入を入力電圧 $V_1 \sim V_3$ のオン・オフにより生じる V_{dd}，アースとの電位差により制御し，V_{out1} での単一電子の存在の有無で，出力信号1，0に対応させるのである．

例えば，全入力電圧がオフ（つまり"0"）のとき，V_{dd} との電位差により正孔が J_2-J_3 間のアイランドまで流入できる．このとき電子はアースから流入しようとするが，C_8 に結合された V_{dd} のため流入できない．この結果，出力端子 V_{out1} には単一正孔が蓄積され，"1"が出力される．

さて，つぎに V_1 のみがオン（つまり"1"）したとき，J_1-J_2 間アイランドと V_{dd} との電位差は縮まって正孔の流入は止まる．これに対して，逆に J_3-J_4 間アイランドとアースとの電位差が開くので，電子は J_3-J_4 間アイランドまで流入する．このときまだ V_{out1} には正孔が存在するので，出力は"1"のままである．つぎに V_1，V_2 がともにオン（"1"）したとき，その電位差で，電子は初めて V_{out1} まで辿り着く．これによりすでに存在していた正孔を打ち消し，V_{out1} を"0"にする．したがって，入力2個が"1"に対して出力が"0"になるという多数決の逆の論理が実現される．最後に3個の入力すべてが"1"になった場合も同様に電子が流入するので，出力は"0"である．

モンテカルロシミュレーションによる実際のシミュレーション結果を図5.6（a）に示すが，いま説明したとおりのタイミングチャートが実現されている．この入力段に図5.5のようなインバータ回路を出力段として結合することで，全段で多数決論理を実現できる．

この多数決回路もバリエーションが豊富であり，例えば入力電圧に対する容量の重み付けを行うことで，出力タイミングをシフトさせることができる．図5.5の容量 C_1，C_4 を10倍にした場合のタイミングチャートを図5.6（b）に示すが，実際に1クロック分だけ出力電圧がシフトしていることがわかる．

190   5. 単一電子トンネリングを応用した回路素子

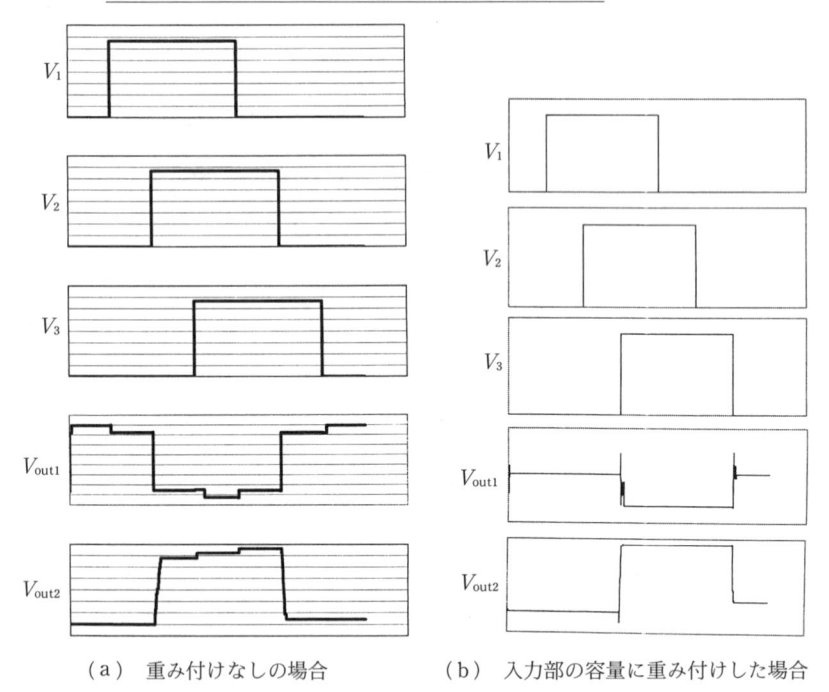

(a) 重み付けなしの場合   (b) 入力部の容量に重み付けした場合

図 5.6 古典モンテカルロシミュレーションによる計算結果

5.3.3 量子セルオートマトンとニューラルネットワーク

セルオートマトンは，新機能素子の代表例の一つとして古くから研究されてきた．セルオートマトン自身は，ニューラルネットワークの一種とも解釈でき，図 5.7 に示したように，本セル（中心セル）のつぎのタイミングでの状態

図 5.7 セルオートマトンの例．この場合周囲 8 個，中心 1 個のセル構造からなる．中心のセルは "周囲セルのうち 5 個以上が 1 のとき 0 になる" という規則を決める．周囲セルの状態を見て，中心セルはつぎのタイミングに自分が 1，0 のどちらになるかを自動的に判断する．

が，周囲のセルの状態により自動的に決定されるというものである．本セルは，周囲の状態をモニタし，設定されたルールに従うことで，自動的に自分のつぎの値を決める．目的に応じていったんそのルールを設定しさえすれば，あとは周囲の状況に応じてセルの状態は自動的に変化し，目的の状態へと自動的に近づく．図の場合，周囲セルのうち5個以上が1であれば，中心セルはつぎに0になるとしているので，下左図では中心セルは1のままで，右では0になる．つまり回路そのものが自分で考えて動作していくと解釈することができ，トラベリングビジネスマンメソードとも呼ばれる．応用としては，フラットパネルディスプレイなどの画像処理システムで，目的の文字や図形を得るための自動ノイズ除去などに利用されている．例えば"F"という文字をセルに分けて構成し，1の部分が赤く点灯し，文字を形成するとしたときに，雑音で"F"以外のセルが点灯しても，ルールによりそれが0になり，自動的に消滅するように設定するわけである．

さて，これを従来の論理ゲートで形成する試みは古くから行われ，実際に用いられているが，やはり相当数の素子を要する．これに対して，量子効果のうちの近接作用を用いることで，この原理を直接実現できないか？という試みは量子セルオートマトンとして，近年非常に盛んである[5〜13]．例えば，隣接するセルの状態で自分のセルの状態が決定するという意味で量子効果を用いた例として，最も単純に図5.8のように，電子のスピンを応用した論理回路もある．この場合に隣接するスピンが逆向きになるのがエネルギー的に安定である（反強磁性）と設定すると，両入力がともに1，0の場合の出力はすぐに決まる．しかし，入力が異なる場合はどちらの状態も取り得るので，例えば外部からかけた弱磁場によりこの場合のスピンの向きを決定する．このスピンの向きを1，0とし，図5.8のように出力として中央セルのスピン状態を取り出すことで論理ゲートが実現できる．

単一電子トンネリングを用いた回路の代表的な量子セルオートマトンの一例は2章でも説明したが，図5.9(a)に示すような回路で，一次元アレーの2段接続になっている．1セルは四つのアイランドからなり，各アイランドは

192   5. 単一電子トンネリングを応用した回路素子

```
  スピン      入力1  出力  入力2
  up down
   ↓   ↓      ↓    ↓    ↓
   1   0      0    1    0

              ↓    ↓    ↓
              1    0    1

微            ↓    ↓    ↓
小            0    0    1
印
加            ↓    ↓    ↓
磁
場            1    0    0
↓
           NAND 回路
```

図5.8 スピン相互作用を用いた量子セルオートマトンの一例。反強磁性の論理を用いている。

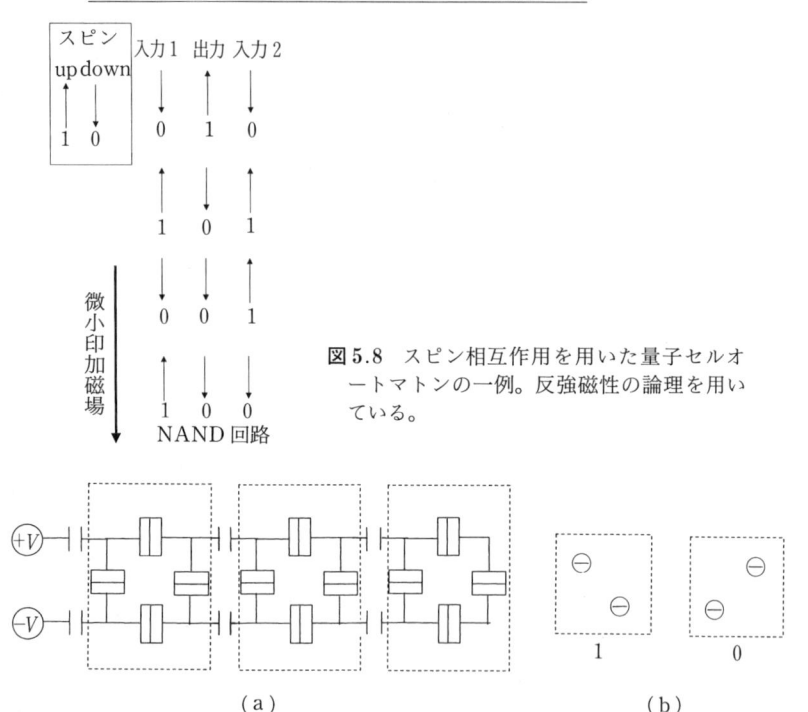

(a)   (b)

図5.9 単一電子トンネリングを用いた量子セルオートマトンの一例
(N.-J. Wu, N. Asahi and Y. Amemiya, Jpn. J. Appl. Phys. 36, 2621 (1997))

SET接合で結合されている[6]~[8]。また，各セルは容量結合されており，電圧の正負は各列に印加される。この回路のポイントは，電子がクーロン斥力によりセル内で対角線上にしか存在しない点にある。図5.9(b)のようにこの対角線の異なる2方向を1，0と決めると，この情報はつぎつぎに隣接するセルに伝達され，ドミノ倒しのようにセルアレーの中を伝わって出力されることになる。自分のセルの状態が隣接するセルの状態で決定されるという意味では，セルオートマトンの一種である。

しかし，いまだに完全な実動作に成功した報告例はない。いくつか原因は考えられる。例えば，電圧印加方向であるアレー間にはトンネリングは生じやすいが，クーロン斥力でそれが対角線上のアイランドにトンネリングするためのSET接合の設定が困難，セル間の結合容量で静電エネルギーが消費されて損

失してしまうなどがある．実動作では数個のセル間を伝達しただけで信号が減衰してしまうという報告もある．

　2章で示したわれわれのグループが提案している不均一な**自発分極波回路**は，この構造に類似している[9)~13)]．しかし，印加電圧がアレーの左右であること，各基本セル間は容量結合されていないこと，一次元アレー間のトンネリングは禁止していることなど大きく異なっている．これは，ここでの量子セルオートマトンの欠点を克服する可能性を持ち，実際にわれわれの回路でのアレー内での振幅の減衰は小さく，かつより高周波まで動作が可能であることを示した．したがって，アレーの中ほどのアイランドで信号を取り出して伝達させていけば，量子セルオートマトン動作を実現可能にするかもしれない．

　また，図5.1で示したように，人類が求める究極の機能素子はやはり人間の神経回路網，**ニューラルネットワーク**であろう．これ以上に高度な情報処理能力を持つアーキテクチャはないように思える．これを実現するための試みは前述した量子セルオートマトンを含めて，ハード・ソフトの両面から盛んに行われてきた．単一電子トンネリングを用いることで，直接これを実現するような提案はいまのところなされていない．前述した隣接したスピン相互作用を用いた量子セルオートマトンは，つぎのような意味でニューラルネットワークに非常に近いことが知られている．

　人間の神経回路は，最も単純には**図5.10**で示すように，**ニューロン**とそれらを結合する**シナプス**からなる．ニューロンはあるしきい値電圧を超えると励

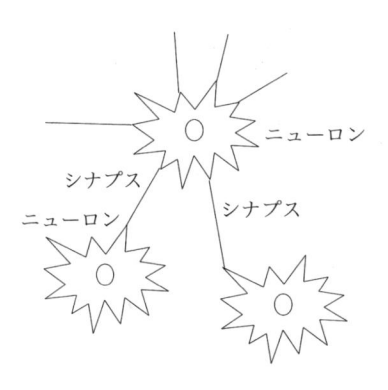

図 5.10 神 経 回 路

起状態になる（発火するという）が，シナプスはそれをほかのニューロンに伝達する働きを持つ．重要なのは，このシナプスに興奮型と抑制型の2種類があることである．興奮型のシナプスは，発火状態にあるニューロンの情報をそのまま伝達するが，抑制型のシナプスは，それを鎮火させるよう伝達する．シナプスは1個のニューロンに対して1000個近くも結合しており，これらの組合せで，1個のニューロンからの伝達は非常に複雑な経緯を辿ることになる．

これは，単純には以下の**マカロック–ピッツモデル**というモデルで表される．

$$S_i(t + \Delta t) = \text{sign}\{h_i(t)\} \tag{5.1}$$

$$h_i(t) = \sum_j J_{ij} S_j(t) \tag{5.2}$$

$S_i(t)$ は i という細胞の時間 t での状態を意味し，ニューロンの状態に対応する．$\text{sign}(x)$ はシグノイド関数で，$x > 0$ のとき $\text{sign}(x) = +1$，$x < 0$ のとき $\text{sign}(x) = -1$ になる．$h_i(t)$ は，j 番目の細胞 $S_j(t)$ の状態とそれを i 番目の細胞に伝達するシナプスに相当する $J_{ij}(= +1$ または $-1)$ の積の総和で形成される i 番目細胞の電位状態である．

つまり，$S_j(t)$ の状態が興奮型（$J_{ij} = +1$）か抑制型（$J_{ij} = -1$）かのシナプスの総和として i 番目の細胞の電位状態 $h_i(t)$ を決め，電位がしきい値（この場合 $x = 0$）を超えていれば，つぎの時間 $t + \Delta t$ に i 番目の細胞が発火することを表している．これはまさに前述した神経回路の動きをうまく表している．

ここでポイントになる非常に面白い点は，式(5.2)が**磁性体**のスピン相互作用を表す**ハイゼンベルク模型**のハミルトニアン

$$H = - \sum_{<ij>} J_{ij} S_i S_j \tag{5.3}$$

に似ていることである．この場合は，S はスピンのアップ（$S = +1$），ダウン（$S = -1$）に対応し，$J_{ij} > 0$ であれば，すべて $S = +1$ が，$J_{ij} < 0$ であれば，例えば $S_j = -1$，$S_j = +1$ と異なった S が，おのおのの系のエネルギーを安定させることがわかる．これはおのおの強磁性，反強磁性に相当する．神経回路ではこのエネルギー状態が電位状態 $h_i(t)$ となり，つぎの瞬間の

ニューロンの興奮状態を決定する。磁性体ではもちろんこのハミルトニアンが系の振舞いを決定する。

この観点から，前述したスピンを使った量子セルオートマトンは，$J_{ij}<0$ の場合，つまり抑制型のシナプスのみを持つ神経回路に類似している。また，そのうち外部から印加した弱磁場の方向にふらついているスピンを向かせる方法は，強磁性体と反強磁性体を共存させた**スピングラス**に磁場を印加することによく似ている。

結局，材料として磁性体を用いそのスピン相互作用を利用することは，このような神経回路を実現するうえでの，有力な候補の一つであることがわかるが，では，単一電子トンネリングとこの話を結びつけるにはどうすればよいだろうか？　前述した単一電子トンネリングを使った量子セルオートマトンに，スピンを導入するのも一手段であるかもしれないし，逆に磁性体で作製した電極で，二次元 SET 接合アレーを形成することで，面白い類似動作を観察できるかもしれない。

参 考 文 献

1章

〔量子力学のやさしい入門書〕

片山泰久：量子力学の世界，講談社（1967）

マッケボイ：マンガ量子論入門，講談社（1996）

高林武彦：量子論の発展史，中央公論社（1977）

並木美喜雄：不確定性原理，共立出版（1982）

並木美喜雄：量子力学入門，岩波新書（1992）

並木美喜雄：量子力学はこうして生まれた，丸善（1992）

佐藤勝彦：量子論を楽しむ本，PHP文庫（2000）

フランコ・セレリ：量子力学論争，共立出版（1986）

P. R.ウォレス 著，荒牧正也，粟屋かよ子，沢田昭二 訳：量子論にパラドックスは無い，シュプリンガー・フェアラーク（1996）

〔専門書〕

後藤憲一 他：理論・応用 量子力学演習，共立出版（1982）

Dirac：The principles of quantum mechanics，みすず書房（1963）

メシア：量子力学，東京図書（1972）

朝永振一郎：量子力学，みすず書房（1952）

湯川秀樹監修：現代物理学の基礎 量子力学，岩波書店（1978）

2章

〔単一電子トンネリングの参考書は末尾を参照〕

1) K. Yano, T. Ishii, T. Sano, T. Mine, F. Murai and K. Seki, Proc. IEDM '95, 525, Washington D.C. (1995)
2) G.-L. Ingold, Y. V. Nazarov: *Single Charge Tunneling*, edited by H. Grabert and M. H. Devoret, NATO ASI Series B-294, p. 21, Plenum Press, New York and London (1991)
3) G.-L. Ignold: *Single-Electron Tunneling and Mesoscopic Devices,* edited by H. Koch and H. Lubbig, p. 13, Springer-Verlag (1991)
4) M. H. Devoret, D. Esteve, H. Grabert, G.-L. Ignold, H. Pothier and C. Urbina, Phys. Rev. Lett. 64, 1824 (1990)
5) S. M. Girvin and L. I. Glazman, et al., Phys. Rev. Lett. 64, 3183 (1990)
6) P. Joyez, D. Esteve and M. H. Devoret, Phys. Rev. Lett. 80, 1956 (1998)
7) A. O. Caldeira and A. J. Leggett, Phys. Rev. Lett. 46, 211 (1981)

8) A. O. Caldeira and A. J. Leggett, Ann. Phys. 149, 374 (1983)
9) A. N. Cleland, J. M. Schmidt and J. Clarke, Phys. Rev. Lett. 64, 1565 (1990)
10) P. Delsing, K. K. Likharev, L. S. Kusmin and T. Claeson, Phys. Rev. Lett. 63, 1180 (1989)
11) L. J. Geerligs, V. F. Anderegs, C. A. van der Jeugd, J. Romijn and J. E. Mooij, Europhys. Lett. 10, 79 (1989)
12) S. H. Farhangfar and J. P. Pekola, et al., Europhys. Lett. 43, 59 (1998)
13) T. Holst, D. Esteve, C. Urbina and M. H. Devoret, et al., Phys. Rev. Lett. 73, 3455 (1994)
14) X. H. Wang and K. A. Chao, Phys. Rev. B 56, 12404 (1997-Ⅰ) and 59, 13094 (1999-Ⅱ)
15) H. Masuda and K. Fukuda, Science 268, 1466 (1995)
16) D. Routkevitch, A. A. Tager, J. Haruyama, D. Almawlawi, L. Ryan, M. Moskovits and J. M. Xu: IEEE Transaction on Electron Devices 43 : *Special Issue on Present and Future Trends in Device Science and Technologies*, 1646 (1996)
17) A. Tager, D. Routkevitch, J. Haruyama, D. Almawlawi, L. Ryan, M. Moskovits and J. M. Xu: *Future Trends in Microelectronics; Reflections on the Road to Nanotechnology*, eds. S. Luryi, J. M. Xu, and A. Zaslavsky, NATO ASI series E-323, p. 171, Plenum Press, New York (1996)
18) J. Haruyama, D. Davydov, D. Routkevitch, D. Ellis, B. W. Statt, M. Moskovits and J. M. Xu : Solid-state Electronics, Proc. NPE'97, 42, 1257 (1998)
19) J. Haruyama, K. Hijioka, M. Tako and Y. Sato, Phys. Rev. B 62(11) (2000)
20) J. Haruyama, Y. Sato and K. Hijioka, Appl. Phys. Lett. 76, 1698 (2000)
21) D. Davydov, J. Haruyama, D. Routkevitch, D. Ellis, B. W. Statt, M. Moskovits and J. M. Xu, Phys. Rev. B 57, 13550 (1998)
22) J. Haruyama, I. Takesue, T. Hasegawa and Y. Sato, Phys. Rev. B 63 073406 (2001)
23) J. Haruyama, I. Takesue and Y. Sato, Appl. Phys. Lett. 77, 2891 (2000)
24) J. Haruyama, I. Takesue and Y. Sato : *Quantum Mesoscopic Phenomena and Mesoscopic Devices in Microelectronics,* edited by I. Kulik and R. Ellialtiogluet, p. 145, NATO science siries C-559, Plenum, New York (2000)
25) Papadopoulos and J. M. Xu, et al., Phys. Rev. Lett 85, 3476 (2000)
26) J. Haruyama, I. Takesue, S. Kato, K. Takazawa and Y. Sato, Appl. Sur. Sci. 6869 (2001)
27) J. Haruyama, I. Takesue, S. Kato, K. Takazawa and Y. Sato, : *Macro scopic quantum coherence and computation,* edited by D. Averin, B. Raggiero

and Silverstrini 427-442, kluwer, Plenum (2001)
28) J. Haruyama, I. Takesue and Y. Sato : *Size dependent magnetic scattering*, NATO Science series, Plenum (2001)
29) J. Haruyama, I. Takesue and T. Hasegawa, Phys. Rev. B (2001)
30) J. Haruyama, I. Takesue and T. Hasegawa, Appl. Phys. Lett. 79, 269 (2001)
31) 武末出美，長谷川哲郎，春山純志：カーボンナノチューブへの不純物拡散と位相反転：スピン反転偏極注入，信学技報 ED 2000-248，単電子/量子効果デバイスを含む極微細デバイスと界面制御，37-44，北大（2001）
32) 加藤周，高沢一也，春山純志：強磁性体量子細線アレーにおける磁気抵抗の跳びと巨視的量子トンネリングの相関，信学技報，ED 2000-260-273，単電子/量子効果デバイスを含む極微細デバイスと界面制御，89-96，北大（2001）
33) 春山純志，名古昌浩，肱岡健一郎，武末出美 ほか：微小多孔質アルミナ膜を用いた量子効果素子の検討，信学技報，ED 99-306-318，単電子/量子効果デバイスを含む極微細デバイスと界面制御，65-72，北大（2000）
34) 春山純志，武末出美 ほか，科研費特定領域 A：単電子デバイスとその高密度集積化，平成 10 年度第二回研究会予稿集，41-46 （1998）：平成 11 年度第二回研究会予稿集 85-90 （1999），同最終成果報告書 51-54（2000）など
35) 科研費基盤研究（B）（2），最終成果報告書：微小多孔質アルミナ膜を用いて形成された微細構造におけるメゾスコピック現象（2001）
36) Yu. V. Nazarov, Sov. Phys. JETP 68, 561 (1989)
37) Yu. V. Nazarov, Sov. Phys. JETP, 68 (3), 561 (1989); in ref. 2, p. 99
38) J. P. Kauppinen and J. P. Pekola, Phys. Rev. Lett. 77, 3889 (1996)
39) P. Delsing : *Single Charge Tunneling*, edited by H. Grabert and M. H. Devoret, NATO ASI B-294, p. 249, Plenum Press, New York (1991)
40) D. V. Averin and Yu. V. Nazarov : *Single Charge Tunneling*, edited by. H. Grabert and M. H. Devoret, NATO ASI B-294, p. 217, Plenum Press, New York (1991)
41) M. Matters, J. J. Versluys and J. E. Mooij, Phys. Rev. Lett. 78, 2469 (1997)
42) A. A. Tager, J. M. Xu and M. Moskovits, Phys. Rev. B 55, 4530 (1997)
43) J. Haruyama and S. Fukuda : *Spontaneous charge polarization wave related to single electron tunneling in a Junction cell array with non-uniform parameters*, Jpn. J. Appl. Phys. 40, 3B, 1977 (2001)
44) 福田茂伸，春山純志：不均一接合パラメータを含む微小トンネル接合アレーでの自発分極，信学技報，ED 99-306-318，単電子/量子効果デバイスを含む極微細デバイスと界面制御，7，北大（2000）
45) J. E. Mooij and G. Schon : *Single Charge Tunneling*, edited by H. Grabert, and M. H. Devoret, NATO ASI B-294, p. 275, Plenum Press, New York (1991)

46) G. Shon, Phys. Rev. B 32, 4469 (1985)

3章

1) H. R. Zeller and I. Giaever, Phys. Rev. 181, 789 (1969)
2) J. B. Barner and S. T. Ruggieo, Phys. Rev. Lett. 59, 807 (1987)
3) K. Mullen, E. Ben-Jacob, R. C. Jaklevic and Z. Schuss, Phys. Rev. B 37, 98 (1988)
4) P. J. M van Bentum, R. T. M. Smokers and H. van Kempen, Phys. Rev. Lett. 60, 2543 (1988)
5) R. T. M. Smokers, P. J. M. van Bentum and H. van Kempen : *Granular Nanoelectronics*, edited by D. K. Ferry, J. R. Baker and C. Jacoboni, NATO ASI series B-251, 571 (1991)
6) S. Kobayashi, Surface Science Reports 16, North-Holland (1992)
7) Kanda and S. Kobayashi, J. Phys. Soc. Jpn. 64, 19 (1995)
8) Y. Shimazu, T. Yamagata, S. Ikehata and S. Kobayashi, J. Phys. Soc. Jpn. 65, 3123 (1996)
9) F. Komori, S. Kobayashi and W. Sasaki, J. Phys. Soc. Jpn. 51, 3136 (1982)
10) S. Tiwari and D. J. Frank, Appl. Phys. Lett. 60, 630 (1992)
11) T. M. Odom and C. M. Lieber, et al., Nature 391, 62 (1998)
12) J. W. G. Wildoer and C. Dekker, et al., Nature 391, 59 (1998)
13) M. Bockrath and P. L. Mceuen, et al., Nature 397, 598 (1999)
14) S. J. Tans, M. H. Devoret and C. Dekker, et al., Nature 394, 761 (1998)
15) J. Nygard, et al., Nature 408, 342 (2000)
16) M. Kociak and A. Yu. Kasumov, et al., Phy. Rev. Lett. 86, 2416 (2001)
17) L. Langer and V. Bayot, et al., Phys. Rev. Lett. 76, 479 (1996)
18) Bachtold and C. Strunk, et al., Nature 397, 673 (1999)
19) Fujiwara, K. Tomiyama and H. Suematsu, et al., Phys. Rev. B 60, 13492 (1999-I)
20) T. W. Ebbesen, H. J. Lezec and H. Hiura, et al., Nature 382, 54 (1996)
21) S. N. Song and X. K. Wang, et al., Phys. Rev. Lett. 72, 697 (1994)
22) V. Bayot and L. Piraux, et al., Phys. Rev. B 40, 3514 (1989-II)
23) K. Tsukagoshi and B. W. Alphenaar, et al., Nature 401, 572 (1999)
24) S. J. Tans, M. H. Devoret and C. Dekker, et al., Nature 386, 474 (1997)
25) M. Bockrath and P. L. Mceuen, et al., Science 275, 1922 (1997)
26) E. Braun and G. B.-Yoseph, et al., Science 391, 775 (1998)

4章

1) Y. Imry : *Introduction to Mesoscopic Physics*, Oxford University Press (1997)

2) P. W. Anderson, Phys. Rev. 109, 1492 (1958)
3) E. Abrahams and P. W. Anderson, et al., Phys. Rev. Lett. 42, 673 (1979)
4) C. van Haesendonck, et al., Phys. Rev. B 25, 5090 (1982)
5) S. Hikami, A. I. Larkin and Y. Nagaoka, Prog. Theor. Phys. 63, 707 (1980)
6) G. Bergman, Phys. Rev. Lett. 48, 1046 (1982)
7) B. L. Altshuler and A. G. Aronov, et al., JETP Lett. 35, 588 (1982)
8) D. Y Sharvin and Y. V. Sharvin, Sov. Phys. JETP Lett. 34, 272 (1981)
9) Yacoby, M. Heiblum, D. Mahalu and H. Shtrikman, Phys. Rev. Lett.74, 4047 (1995)
10) 例えば, S. Tarucha, D. G. Austing, T. Honda, R. J. van der Hage and L. P. Kouwenhoven, Phys. Rev. Lett. 77, 3613 (1996)
11) J. A. Folk, S. R. Patel, S. F. Godijn, A. G. Huibers, S. M. Cronenwett and C. M. Marcus, Phys. Rev. Lett, 76 (10), 1699 (1996)
12) A. G. Huibers, J. A. Folk, S. R. Patel and C. M. Marcus, et al., Phys. Rev. Lett. 83, 5090 (1999)
13) S. R. Patel, S. M. Cronenwett and D. R. Stewart, et al., Phys. Rev. Lett. 80, 4522 (1998)
14) A. G. Huibers, S. R. Patel and C. M. Marcus, et al., Phys. Rev. Lett. 81, 1917 (1998)
15) S. M. Cronenwett, S. M. Maurer, S. R. Patel and C. M. Marcus, et al., Phys. Rev. Lett. 81, 5904 (1998)

5章

1) K. Yano, T. Ishii, T. Sano, T. Mine, F. Murai and K. Seki, Proc. IEDM '95, 525, Washington D. C. (1995)
2) S. Tiwari, F. Rana, K. Chan, H. Hanafi, W. Chan and D. Buchanan, Proc. IEDM '95, 521, Washington D. C. (1995)
3) N. Asahi, M. Akazawa and Y. Amemiya, IEEE Trans. Electr. Devices 44, 1109 (1997)
4) H. Iwamura, M. Akazawa, and Y. Amemiya, IEICE E Trans. Electr. 81-C, 42 (1998)
5) V. P. Roychowdhury, D. B. Janes, S. Bandyopadhyay and X. Wang, IEEE Trans. Electr. Devices 43, 1688 (1996)
6) C. S. Lent and P. D. Tougaw, J. Appl. Phys. 75 (1994) 4077.
7) P. D. Tougaw and C. S. Lent, Proc. ISDRS '95, 309 Virginia (1995)
8) N.-J. Wu, N. Asahi and Y. Amemiya, Jpn. J. Appl. Phys. 36, 2621 (1997)
9) A. Tager and J. M. Xu, Phys. Rev. B 55 , 4530 (1997-I)
10) A. Tager, D. Routkevitch, J. Haruyama, D. Almawlawi, L. Ryan, M.

Moskovits and J. M. Xu : *Future Trends in Microelectronics; Reflections on the Road to Nanotechnology*, eds. S. Luryi, J. M. Xu, and A. Zaslavsky, NATO ASI series E-323, p. 171 (Plenum Press, New York, 1996)
11) D. Routkevitch, A. A. Tager, J. Haruyama, D. Almawlawi, L. Ryan, M. Moskovits and J. M. Xu, IEEE Trans. Electr. Devices 43 : *Special Issue on Present and Future Trends in Device Science and Technologies*, 1646 (1996)
12) J. Haruyama and S. Fukuda : *Spontaneous charge polarization wave related to single electron tunneling in a Junction cell array with non-uniform parameters*, Jpn. J. Appl. Phys. 40,3B, 1977 (2001)
13) 福田茂伸，春山純志：不均一接合パラメータを含む微小トンネル接合アレイでの自発分極，信学技報，ED 99-306-318，単電子/量子効果デバイスを含む極微細デバイスと界面制御，7（北大）(2000)

〔単一電子トンネリングの参考書〕
D. V. Averin and K. K. Likharev : *Mesoscopic Phenomena in Solids,* edited by B. L. Altshuler, P. A. Lee, and R. A. Webb, p. 173, Norh-Holland (1991)
"*Single Charge Tunneling*" edited by H. Grabert and M. H. Devoret, NATO Advanced Institute Series B-294, Plenum Press, New York and London (1991)
"*Single-Electron Tunneling and Mesoscopic Devices*" edited by H. Koch and H. Lubbig, Springer-Verlag (1991)
福山秀敏 編：メゾスコピック系の物理，丸善（1996）
栗原 進 編：トンネル効果，丸善（1994）
川端有郷：メゾスコピック系の物理，培風館（1997）
メゾスコピック系の物理特集号 固体物理，アグネ技術センター（1993年11月号）

索引

あ

アイランド　　　　　　　105
アインシュタイン-ポ
　ドルスキー-ロー
　ゼン（EPR）のパラ
　ドックス　　　　　　　23
圧電素子　　　　　　　158
アハラノフ-ボーム効果
　　　　　　　　　　　161
アハラノフ-ボームリング
　　　　　　　　　　　162
アームチェア　　　　　147
アルトシュラー-アロ
　ノフ-スピバック効果
　　　　　　　　　161, 162
アンチソリトン　　　　117

い

異常ゼーマン効果　　　 15
位相干渉効果　　　　　161
位相コヒーレンス　　　 21
位相コヒーレンス長
　　　　　　　　　149, 161
位相相関関数　　　　57, 59
位相相関理論　　　46, 52, 76
位相の時間発展　　　59, 61
位相ゆらぎ　　　　54, 59, 91
一次元アレー　　　　　113
一次元細線　　　　　　161
一次元電子間相互作用　 90
一次元導体　　　　　　148
移動度　　　　　　　　142

う

ウィルンソン-ゾンマー
　フェルトの量子条件　 13
ウィーンの公式　　　　　4
ウィーンの変位則　　　　3

え

エキシトン　　　　　　120
エネルギー散逸
　　　　　　44, 52, 54, 65, 99
エネルギーと質量の等価則
　　　　　　　　　　　 16
エネルギー放出確率　　 63
エネルギー量子　　　　 66

お

オープン量子ドット　　146

か

階段関数　　　　　　　 45
外部環境インピーダンス
　　　　　　　　　　　 54
外部電磁場環境　　　　 51
　——のゆらぎ　　　　 64
　——のインピーダンス
　　　　　　　　　　　 61
外部ゆらぎ　　　　　　 65
カイラリティ　　　　　147
化学ポテンシャル　　　 34
角運動量　　　　　　　 12
拡散定数　　　　　　　 91
確率解釈　　　　　　　 17

重合せ　　　　　　　　 22
カーボンナノチューブ
　　　　　　84, 92, 129, 146
干渉縞　　　　　　　　 20
観測問題　　　　　　　 23

き

寄生容量　　　　　　　 77
軌道角運動量　　　　　 10
キャパシタモデル　　　131
局所則　　　　　　　44, 50
銀細線　　　　　　　　156
金属微粒子アレー　　　 49
金属微粒子系　　　　　129

く

空洞輻射　　　　　　　　4
空乏層　　　　　　　　145
グラフェン薄膜　　　　147
クーロン階段　　38, 39, 111
クーロン振動　　38, 39, 112
クーロンダイヤモンド
　　　　　　107, 109, 153, 169
クーロンブロッケード
　　　　　　　　　　38, 43
　——の必要条件　　　 46
クーロンブロッケード
　コンダクタンスピー
　ク高さ　　　　　　　175
クーロンブロッケード
　電圧　　　　　　　　 44
クーロン閉塞　　　　　 38

索引　203

け

ゲート長	181
ゲート電極	39
原子間力顕微鏡	159
原子線スペクトル	9
原子模型	10

こ

高インピーダンス外部電磁場環境	65
交換関係	19, 54
光電効果	6
光量子仮説	7
黒体輻射	4
コトンネリング	118
コペンハーゲン解釈	18
近藤効果	148
コンプトン散乱	8

さ

作用量子仮説	6
III-V族化合物半導体	140
散乱問題	30

し

磁気量子数	14
磁気力顕微鏡	159
ジグザグ構造	147
磁性体	194
シナプス	193
自発分極波	122
自発分極波回路	193
弱局在	165
遮断周波数	181
シャント抵抗	136
集積度	183
集中定数回路	65
自由ブラウン粒子	60
縮退	14
シュテルン-ゲルラッハの実験	15
主量子数	14
シュレディンガーの猫	23, 24
消費電力	183
ショットキー接合層	145
新機能素子	182
人工原子	161, 173
人工原子・分子	169

す

スクリーニング	153
スケーリング則	181
ストークスの定理	163
スピン角運動量	15
スピン・軌道相互作用	97, 165
スピングラス	195
スピンコヒーレンス	166
スピン・電荷分離	148
スピン反転散乱	95
スピン偏極	149
スピン量子数	15

せ

正孔電流	117
正常ゼーマン効果	10
接合アレー	113
接合セルアレー	124
接合の帯電エネルギー	42
セルオートマトン	190

そ

双極子モーメント	117
走査型トンネル顕微鏡	129, 137
走査型プローブ顕微鏡	157
束縛問題	28
素子寿命	183
ソリトン	115

た

大域則	50
帯電エネルギー	37
帯電効果	37
多重接合	39
多重トンネル接合	44
多数決回路	188
多数決論理	188
多層カーボンナノチューブ	148
単一クーパー対トンネリング	42
単一接合系	51, 81
単一電子スペクトロスコピー	153
単一電子トンネリング	31, 37
単一電子トンネリングスペクトロスコピー	169
単一トンネル接合	44, 51
単一微小トンネル接合	73
弾性散乱長	161
単層カーボンナノチューブ	147

ち

超伝導近接効果	148
超伝導転移	148
調和振動子	55

て

抵抗量子	46
ディラック定数	15
デビソン-ジャーマーの電子	20
電荷 KTB 転移	126
電荷自発分極	120
電荷ソリトン	115
電気伝導度	143
電子間相互作用	85
電子・格子散乱	95
電子-正孔対電流	118
電子線	20
電子のスピン	15
電子波の位相	149
伝達線路	70

と

特徴長	160
ド・ブロイ波	16
朝永・Luttinger 液体	148, 161
ドリフト（拡散）速度	142
トンネリング電子の位相	53
トンネル確率	44
トンネル効果	31

に

二次元アレー系	126
二次元弱局在	92, 95
二次元電子ガス	140
二次元電子ガス層	129
二重接合系	105
2 段容量結合系	122
二分化決定グラフ	186
二分化決定素子	186

ね

熱エネルギー	46, 47

の

ノッチ	146

は

ハイゼンベルク模型	194
パウリの排他則	16, 59, 169
波束の収縮	21
波動方程式	16
反局在	97, 165

ひ

非局所性	24
非局所的現象	52
微小多孔質アルミナ膜	81
ひずみ格子	144
非弾性散乱長	161
微粒子の帯電効果	130

ふ

フェルミ準位	36
フェルミ-ディラック統計	34
フェルミの黄金則	58
フェルミ分布関数	35
不確定性	49
不確定性原理	19
不均一な接合アレー	120
フラーレン	146
プランク定数	6
フントの法則	169

分布関数	34
分離不可能性	24

へ

閉殻構造	172
平均自由行程	143, 161
平行板コンデンサ	42
ベクトルポテンシャル	162, 163

ほ

ボーアの原子論	10
ボーア半径	12
方位量子数	14
飽和速度	181
ボース-アインシュタイン凝縮	36
ボース-アインシュタイン統計	34
ホライゾンタルモデル	77, 101
ボルンの確率解釈	18

ま

マカロック-ピッツモデル	194
マクスウェル-ボルツマン統計	34
マクロな電荷量子化	39, 105, 106
マクロな量子トンネリング	56
魔法数	172

み

ミラー回路	117
ミラー効果	117

め

メスバウアー効果	67
メゾスコピック現象	160

も

モビリティ	142
モンテカルロシミュレーション	120

や

ヤングの干渉実験	21

ゆ

有効寄生容量	78, 101
有効質量	142

り

離散したエネルギー準位	30
量子コンピュータ	185
量子コンピューティング	27, 42
量子セルオートマトン	126, 190
量子テレポーテーション	24
量子統計	34
量子ドット	129, 146, 161
量子ポイントコンタクト	161
量子ランジュバン方程式	76

れ

零電圧コンダクタンス異常	38, 74
レイリーの公式	4

A

AAS振動	96
additional energy	171
Altshuler 理論	85

C

Cleland らの実験	73

D

DNA	130
DNA テンプレート	155

E

EPR パラドックス	23

L

LC 回路	53
LCR 回路	55

M

MgB_2	148

N

Nazarov 理論	86
Ni 量子細線	83

Q

q-bit	185

S

SET 振動	38, 40, 103
SET メモリ	38, 41

―― 著者略歴 ――

1985 年	早稲田大学理工学部応用物理学科卒業
1985 年	日本電気株式会社勤務
1995 年	トロント大学客員研究員およびオンタリオ・レーザー＆ライトウェーブ・リサーチセンター客員研究員
1996 年	博士（工学）（早稲田大学）
1997 年	青山学院大学助教授
	現在に至る

この間以下兼任

2002～2007 年	科学技術振興機構 CREST 研究員
2003 年	NTT 物性科学基礎研究所客員教授
2006 年	日本学術振興会・日中韓フォーサイト事業研究員
2008 年	東京大学物性研究所ナノスケール物性研究部門客員所員
2009 年	米国空軍科学技術局 Principle Investigator

単一電子トンネリング概論 ― 量子力学とナノテクノロジー ―
Single Electron Tunneling ― Quantum Mechanics and Nanotechnologies ―
© Junji Haruyama 2002

2002 年 1 月 18 日　初版第 1 刷発行
2010 年 6 月 20 日　初版第 3 刷発行

検印省略

著　者　　春　山　純　志
　　　　　　はる　やま　じゅん　じ
発行者　　株式会社　コロナ社
　　　　　代表者　牛来真也
印刷所　　壮光舎印刷株式会社

112-0011　東京都文京区千石 4-46-10
発行所　株式会社　コロナ社
CORONA PUBLISHING CO., LTD.
Tokyo Japan
振替 00140-8-14844・電話 (03) 3941-3131 (代)
ホームページ http://www.coronasha.co.jp

ISBN 978-4-339-00738-1　　（阿部）　　（製本：グリーン）
Printed in Japan

無断複写・転載を禁ずる
落丁・乱丁本はお取替えいたします

光エレクトロニクス教科書シリーズ

(各巻A5判)

コロナ社創立70周年記念出版 〔創立1927年〕
■企画世話人　西原　浩・神谷武志

配本順			頁	定価
1.（7回）	光エレクトロニクス入門(改訂版)	西原　浩　裏　升吾 共著	224	3045円
2.（2回）	光波工学	栖原敏明 著	254	3360円
3.	光デバイス工学	小山二三夫 著		
4.（3回）	光通信工学（1）	羽鳥光俊 監修／青山紀郁 編著／小林太郎	176	2310円
5.（4回）	光通信工学（2）	羽鳥光俊 監修／青山紀郁 編著／小林太郎	180	2520円
6.（6回）	光情報工学	黒川隆志 編著／滝沢國治／徳丸樹春／渡辺敏英 共著	226	3045円
7.（5回）	レーザ応用工学	小荒井實／原川憲 共著／緑井克美	272	3780円

フォトニクスシリーズ

(各巻A5判，欠番は品切れです)

■編集委員　伊藤良一・神谷武志・柊元　宏

配本順			頁	定価
1.（7回）	先端材料光物性	青柳克信 他著	330	4935円
3.（6回）	太陽電池	濱川圭弘 編著	324	4935円
13.（5回）	光導波路の基礎	岡本勝就 著	376	5985円

以下続刊

2.	光ソリトン通信	中沢正隆 著	5.	短波長レーザ	中野一志 他著
7.	ナノフォトニックデバイスの基礎とその展開	荒川泰彦 編著	8.	近接場光学とその応用	河田聡 他著
10.	エレクトロルミネセンス素子		11.	レーザと光物性	
14.	量子効果光デバイス	岡本紘 監修			

定価は本体価格＋税5％です。
定価は変更されることがありますのでご了承下さい。

図書目録進呈◆

テレビジョン学会教科書シリーズ

(各巻A5判，欠番は品切です)

■(社)映像情報メディア学会編

配本順		著者	頁	定価
1.(8回)	画 像 工 学(増補) ―画像のエレクトロニクス―	南 村 敏 中 納 共著	244	2940円
2.(9回)	基 礎 光 学 ―光の古典論から量子論まで―	大 頭 仁 高 木 康 博 共著	252	3465円
4.(10回)	誤り訂正符号と暗号の基礎数理	笠 原 正 雄 佐 竹 賢 治 共著	158	2205円
5.(4回)	光 波 電 波 工 学 ―電磁波の伝搬・伝送―	川 上 彰二郎 松 村 和 仁 共著 椎 名 徹	164	2100円
8.(6回)	信 号 処 理 工 学 ―信号・システムの理論と処理技術―	今 井 聖 著	214	2940円
9.(5回)	認 識 工 学 ―パターン認識とその応用―	鳥 脇 純一郎 著	238	3045円
11.(7回)	人 間 情 報 工 学 ―バイオニクスからロボットまで―	中 野 馨 著	280	3675円

定価は本体価格+税5％です。
定価は変更されることがありますのでご了承下さい。

図書目録進呈◆

大学講義シリーズ

(各巻A5判，欠番は品切です)

配本順	書名	著者	頁	定価
(2回)	通信網・交換工学	雁部 頴一 著	274	3150円
(3回)	伝 送 回 路	古賀 利郎 著	216	2625円
(4回)	基礎システム理論	古田・佐野 共著	206	2625円
(6回)	電 力 系 統 工 学	関根 泰次 他著	230	2415円
(7回)	音 響 振 動 工 学	西山 静男 著	270	2730円
(10回)	基礎電子物性工学	川辺 和夫 著	264	2625円
(11回)	電 磁 気 学	岡本 允夫 著	384	3990円
(12回)	高 電 圧 工 学	升谷・中田 共著	192	2310円
(14回)	電 波 伝 送 工 学	安達・米山 共著	304	3360円
(15回)	数 値 解 析（1）	有本 卓 著	234	2940円
(16回)	電 子 工 学 概 論	奥田 孝美 著	224	2835円
(17回)	基 礎 電 気 回 路（1）	羽鳥 孝三 著	216	2625円
(18回)	電 力 伝 送 工 学	木下 仁志 他著	318	3570円
(19回)	基 礎 電 気 回 路（2）	羽鳥 孝三 著	292	3150円
(20回)	基 礎 電 子 回 路	原田 耕介 他著	260	2835円
(21回)	計算機ソフトウェア	手塚・海尻 共著	198	2520円
(22回)	原 子 工 学 概 論	都甲・岡 共著	168	2310円
(23回)	基礎ディジタル制御	美多 勉 他著	216	2520円
(24回)	新 電 磁 気 計 測	大照 完 他著	210	2625円
(25回)	基 礎 電 子 計 算 機	鈴木 久喜 他著	260	2835円
(26回)	電 子 デ バ イ ス 工 学	藤井 忠邦 著	274	3360円
(27回)	マイクロ波・光工学	宮内 一洋 他著	228	2625円
(28回)	半導体デバイス工学	石原 宏 著	264	2940円
(29回)	量 子 力 学 概 論	権藤 靖夫 著	164	2100円
(30回)	光・量子エレクトロニクス	藤岡・小原 齊藤 共著	180	2310円
(31回)	デ ィ ジ タ ル 回 路	高橋 寛 他著	178	2415円
(32回)	改訂 回 路 理 論（1）	石井 順也 著	200	2625円
(33回)	改訂 回 路 理 論（2）	石井 順也 著	210	2835円
(34回)	制 御 工 学	森 泰親 著	234	2940円
(35回)	新版 集積回路工学（1） ―プロセス・デバイス技術編―	永田・柳井 共著	270	3360円
(36回)	新版 集積回路工学（2） ―回路技術編―	永田・柳井 共著	300	3675円

以 下 続 刊

電 気 機 器 学	中西・正田・村上 共著	電気・電子材料	水谷 照吉 他著
半 導 体 物 性 工 学	長谷川英機 他著	情報システム理論	長沼・高橋・笠原 共著
数 値 解 析（2）	有本 卓 著	現代システム理論	神山 真一 著

定価は本体価格+税5％です。
定価は変更されることがありますのでご了承下さい。

図書目録進呈◆

電子情報通信レクチャーシリーズ

■(社)電子情報通信学会編　　(各巻B5判)

共通

番号	配本順	書名	著者	頁	定価
A-1		電子情報通信と産業	西村吉雄著		
A-2	(第14回)	電子情報通信技術史 ―おもに日本を中心としたマイルストーン―	「技術と歴史」研究会編	276	4935円
A-3		情報社会と倫理	辻井重男著		
A-4		メディアと人間	原島博／北川高嗣共著		
A-5	(第6回)	情報リテラシーとプレゼンテーション	青木由直著	216	3570円
A-6		コンピュータと情報処理	村岡洋一著		
A-7	(第19回)	情報通信ネットワーク	水澤純一著	192	3150円
A-8		マイクロエレクトロニクス	亀山充隆著		
A-9		電子物性とデバイス	益一哉／天川修平共著		

基礎

番号	配本順	書名	著者	頁	定価
B-1		電気電子基礎数学	大石進一著		
B-2		基礎電気回路	篠田庄司著		
B-3		信号とシステム	荒川薫著		
B-4		確率過程と信号処理	酒井英昭著		
B-5		論理回路	安浦寛人著		
B-6	(第9回)	オートマトン・言語と計算理論	岩間一雄著	186	3150円
B-7		コンピュータプログラミング	富樫敦著		
B-8		データ構造とアルゴリズム	今井浩著		
B-9		ネットワーク工学	仙石正和／田村裕／中野敬介共著		
B-10	(第1回)	電磁気学	後藤尚久著	186	3045円
B-11	(第20回)	基礎電子物性工学 ―量子力学の基本と応用―	阿部正紀著	154	2835円
B-12	(第4回)	波動解析基礎	小柴正則著	162	2730円
B-13	(第2回)	電磁気計測	岩﨑俊著	182	3045円

基盤

番号	配本順	書名	著者	頁	定価
C-1	(第13回)	情報・符号・暗号の理論	今井秀樹著	220	3675円
C-2		ディジタル信号処理	西原明法著		
C-3		電子回路	関根慶太郎著		近刊
C-4	(第21回)	数理計画法	山下信雄／福島雅夫共著	192	3150円
C-5		通信システム工学	三木哲也著		
C-6	(第17回)	インターネット工学	後藤滋樹／外山勝保共著	162	2940円
C-7	(第3回)	画像・メディア工学	吹抜敬彦著	182	3045円
C-8		音声・言語処理	広瀬啓吉著		
C-9	(第11回)	コンピュータアーキテクチャ	坂井修一著	158	2835円

配本順				頁	定価
C-10		オペレーティングシステム	徳田英幸著		
C-11		ソフトウェア基礎	外山芳人著		
C-12		データベース	田中克己著		
C-13		集積回路設計	浅田邦博著		
C-14		電子デバイス	和保孝夫著		
C-15	(第8回)	光・電磁波工学	鹿子嶋憲一著	200	3465円
C-16		電子物性工学	奥村次徳著		

展開

				頁	定価
D-1		量子情報工学	山崎浩一著		
D-2		複雑性科学	松本隆編著		
D-3	(第22回)	非線形理論	香田徹著	208	3780円
D-4		ソフトコンピューティング	山川尾堀烈恵二共著		
D-5	(第23回)	モバイルコミュニケーション	中大川槻正知雄明共著	176	3150円
D-6		モバイルコンピューティング	中島達夫著		
D-7		データ圧縮	谷本正幸著		
D-8	(第12回)	現代暗号の基礎数理	黒尾澤形わかは馨共著	198	3255円
D-9		ソフトウェアエージェント	西田豊明著		
D-10		ヒューマンインタフェース	西加田藤正博吾一共著		
D-11	(第18回)	結像光学の基礎	本田捷夫著	174	3150円
D-12		コンピュータグラフィックス	山本強著		
D-13		自然言語処理	松本裕治著		
D-14	(第5回)	並列分散処理	谷口秀夫著	148	2415円
D-15		電波システム工学	唐沢好男著		
D-16		電磁環境工学	徳田正満著		
D-17	(第16回)	VLSI工学 —基礎・設計編—	岩田穆著	182	3255円
D-18	(第10回)	超高速エレクトロニクス	中村島友徹義共著	158	2730円
D-19		量子効果エレクトロニクス	荒川泰彦著		
D-20		先端光エレクトロニクス	大津元一著		
D-21		先端マイクロエレクトロニクス	小田柳中光徹正共著		
D-22		ゲノム情報処理	高小木池利麻久子編著		
D-23	(第24回)	バイオ情報学 —パーソナルゲノム解析から生体シミュレーションまで—	小長谷明彦著	172	3150円
D-24	(第7回)	脳工学	武田常広著	240	3990円
D-25		生体・福祉工学	伊福部達著		
D-26		医用工学	菊地眞編著		
D-27	(第15回)	VLSI工学 —製造プロセス編—	角南英夫著	204	3465円

定価は本体価格+税5%です。
定価は変更されることがありますのでご了承下さい。

図書目録進呈◆

電子情報通信学会 大学シリーズ

(各巻A5判，欠番は品切です)

■(社)電子情報通信学会編

配本順		書名	著者	頁	定価
A-1	(40回)	応用代数	伊藤 理重 正夫 悟 共著	242	3150円
A-2	(38回)	応用解析	堀内 和夫 著	340	4305円
A-3	(10回)	応用ベクトル解析	宮崎 保光 著	234	3045円
A-4	(5回)	数値計算法	戸川 隼人 著	196	2520円
A-5	(33回)	情報数学	廣瀬 健 著	254	3045円
A-6	(7回)	応用確率論	砂原 善文 著	220	2625円
B-1	(57回)	改訂 電磁理論	熊谷 信昭 著	340	4305円
B-2	(46回)	改訂 電磁気計測	菅野 允 著	232	2940円
B-3	(56回)	電子計測(改訂版)	都築 泰雄 著	214	2730円
C-1	(34回)	回路基礎論	岸 源也 著	290	3465円
C-2	(6回)	回路の応答	武部 幹 著	220	2835円
C-3	(11回)	回路の合成	古賀 利郎 著	220	2835円
C-4	(41回)	基礎アナログ電子回路	平野 浩太郎 著	236	3045円
C-5	(51回)	アナログ集積電子回路	柳沢 健 著	224	2835円
C-6	(42回)	パルス回路	内山 明彦 著	186	2415円
D-2	(26回)	固体電子工学	佐々木 昭夫 著	238	3045円
D-3	(1回)	電子物性	大坂 之雄 著	180	2205円
D-4	(23回)	物質の構造	高橋 清 著	238	3045円
D-5	(58回)	光・電磁物性	多田 邦雄 松本 俊 共著	232	2940円
D-6	(13回)	電子材料・部品と計測	川端 昭 著	248	3150円
D-7	(21回)	電子デバイスプロセス	西永 頌 著	202	2625円
E-1	(18回)	半導体デバイス	古川 静二郎 著	248	3150円
E-2	(27回)	電子管・超高周波デバイス	柴田 幸男 著	234	3045円
E-3	(48回)	センサデバイス	浜川 圭弘 著	200	2520円
E-4	(36回)	光デバイス	末松 安晴 著	202	2625円
E-5	(53回)	半導体集積回路	菅野 卓雄 著	164	2100円
F-1	(50回)	通信工学通論	畔柳 功 塩谷 芳光 共著	280	3570円
F-2	(20回)	伝送回路	辻井 重男 著	186	2415円

記号	(回)	書名	著者	頁	価格
F-4	(30回)	通 信 方 式	平 松 啓 二 著	248	3150円
F-5	(12回)	通 信 伝 送 工 学	丸 林 元 著	232	2940円
F-7	(8回)	通 信 網 工 学	秋 山 稔 著	252	3255円
F-8	(24回)	電 磁 波 工 学	安 達 三 郎 著	206	2625円
F-9	(37回)	マイクロ波・ミリ波工学	内 藤 喜 之 著	218	2835円
F-10	(17回)	光エレクトロニクス	大 越 孝 敬 著	238	3045円
F-11	(32回)	応 用 電 波 工 学	池 上 文 夫 著	218	2835円
F-12	(19回)	音 響 工 学	城 戸 健 一 著	196	2520円
G-1	(4回)	情 報 理 論	磯 道 義 典 著	184	2415円
G-2	(35回)	スイッチング回路理論	当 麻 喜 弘 著	208	2625円
G-3	(16回)	ディジタル回路	斉 藤 忠 夫 著	218	2835円
G-4	(54回)	データ構造とアルゴリズム	斎藤 信男・西原 清二 共著	232	2940円
H-1	(14回)	プログラミング	有 田 五次郎 著	234	2205円
H-2	(39回)	情報処理と電子計算機 (「情報処理通論」改題新版)	有 澤 誠 著	178	2310円
H-3	(47回)	電 子 計 算 機 Ⅰ ―基礎編―	相磯 秀夫・松下 温 共著	184	2415円
H-4	(55回)	改訂 電 子 計 算 機 Ⅱ ―構成と制御―	飯 塚 肇 著	258	3255円
H-5	(31回)	計 算 機 方 式	高 橋 義 造 著	234	3045円
H-7	(28回)	オペレーティングシステム論	池 田 克 夫 著	206	2625円
I-3	(49回)	シミュレーション	中 西 俊 男 著	216	2730円
I-4	(22回)	パターン情報処理	長 尾 真 著	200	2400円
J-1	(52回)	電気エネルギー工学	鬼 頭 幸 生 著	312	3990円
J-3	(3回)	信 頼 性 工 学	菅 野 文 友 著	200	2520円
J-4	(29回)	生 体 工 学	斎 藤 正 男 著	244	3150円
J-5	(59回)	新版 画 像 工 学	長谷川 伸 著	254	3255円

以 下 続 刊

C-7　制　御　理　論　　　　　D-1　量　子　力　学
F-3　信　号　理　論　　　　　F-6　交　換　工　学
G-5　形式言語とオートマトン　G-6　計算とアルゴリズム
J-2　電 気 機 器 通 論

定価は本体価格+税5％です。
定価は変更されることがありますのでご了承下さい。

図書目録進呈◆

電気・電子系教科書シリーズ

(各巻A5判)

- ■編集委員長　高橋　寛
- ■幹　　　事　湯田幸八
- ■編集委員　　江間　敏・竹下鉄夫・多田泰芳
　　　　　　　中澤達夫・西山明彦

配本順		書名	著者	頁	定価
1.	(16回)	電気基礎	柴皆田尚新志二共著	252	3150円
2.	(14回)	電磁気学	多柴田田泰尚芳志共著	304	3780円
3.	(21回)	電気回路Ⅰ	柴田尚志著	248	3150円
4.	(3回)	電気回路Ⅱ	遠鈴藤木勲靖共著	208	2730円
6.	(8回)	制御工学	下奥西平鎮正郎共著	216	2730円
7.	(18回)	ディジタル制御	青木俊立幸共著	202	2625円
8.	(25回)	ロボット工学	白水俊次著	240	3150円
9.	(1回)	電子工学基礎	中藤澤原達勝夫幸共著	174	2310円
10.	(6回)	半導体工学	渡辺英夫著	160	2100円
11.	(15回)	電気・電子材料	中澤・藤原押田服部森山共著	208	2625円
12.	(13回)	電子回路	須土田田健英二共著	238	2940円
13.	(2回)	ディジタル回路	伊若原海弘昌博夫純也共著吉室山賀下進厳	240	2940円
14.	(11回)	情報リテラシー入門		176	2310円
15.	(19回)	C++プログラミング入門	湯田幸八著	256	2940円
16.	(22回)	マイクロコンピュータ制御 プログラミング入門	柚千賀代光慶共著	244	3150円
17.	(17回)	計算機システム	春舘日泉雄幸健八治博共著	240	2940円
18.	(10回)	アルゴリズムとデータ構造	湯伊田原充弘勉共著	252	3150円
19.	(7回)	電気機器工学	前新江谷間橋邦敏勲共著	222	2835円
20.	(9回)	パワーエレクトロニクス	高江間橋敏勲共著	202	2625円
21.	(12回)	電力工学	江甲三斐木川隆成章英彦機共著	260	3045円
22.	(5回)	情報理論	吉松宮田部豊克稔正史幸久共著	216	2730円
24.	(24回)	電波工学	南岡田原月唯孝夫志共著	238	2940円
25.	(23回)	情報通信システム (改訂版)	桑植原田裕夫共著	206	2625円
26.	(20回)	高電圧工学	植松箕充史志共著	216	2940円

以　下　続　刊

5. 電気・電子計測工学　西山・吉沢共著　　23. 通信工学　竹下・吉川共著

定価は本体価格+税5％です。
定価は変更されることがありますのでご了承下さい。

図書目録進呈◆